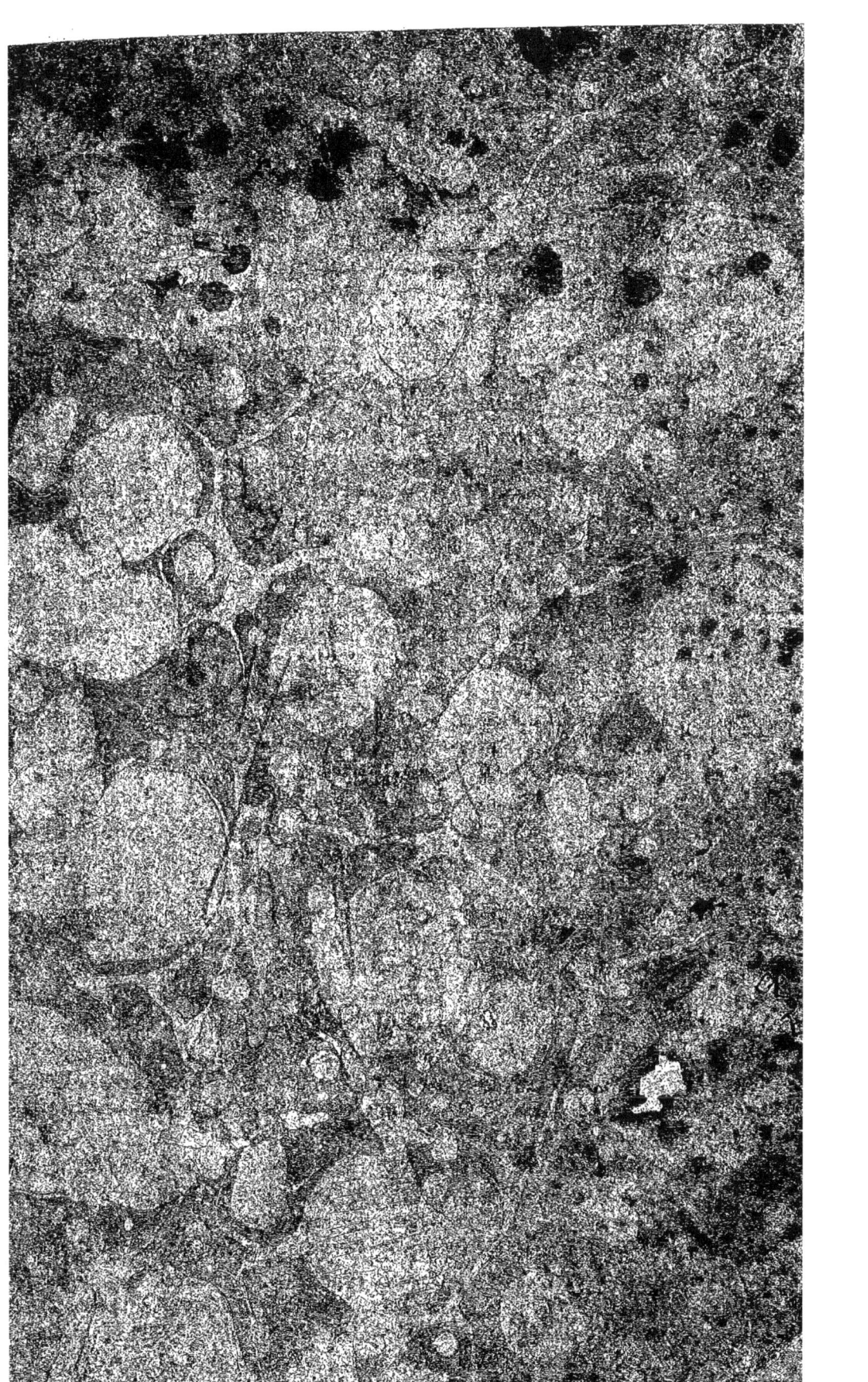

Pour Pratiquer la PERSPECTIVE sur les Surfaces Irregulieres, &c.

MOYEN VNIVERSEL

DE PRATIQVER LA

PERSPECTIVE

SVR LES TABLEAVX,

ou Surfaces Irregulieres.

ENSEMBLE

Quelques particularitez concernant cét Art, & celuy de la Graueure en Taille-Douce.

Par A. BOSSE.

A PARIS,

Chez ledit BOSSE, en l'Isle du Palais,
fur le Quay qui regarde celuy
de la Megifferie.

M. DC. LIII.

AVEC PRIVILEGE DV ROY.

AVERTISSEMENT.

IL y a quelques années que je mis au jour vn tres-ample Volume, intitulé : *Maniere* VNIVERSELLE *de Monsieur Desargues pour pratiquer la Perspectiue par petit pied comme le Geometral, ensemble les Places & Proportions des fortes & foibles touches, teintes ou couleurs.* Laquelle maniere s'est treuuée sans contredit la plus familiere & abregée, juste ou precise qu'aucune qui ait encore paru, Et j'ose bien dire qui parestra; Mais à cause que cet auancé peut sembler trop hardy ; je prie ceux qui auront vn tel sentiment ne me condamner point qu'apres auoir leu & entendu ce que j'en diray cy-apres.

Ladite Maniere de Perspectiue sert a representer sur vne surface platte de quelque matiere & inclination qu'elle puisse estre, tous les objets visibles de la nature, & ceux que l'on se peut former dans l'imagination (laquelle surface y est nómée TABLEAV ce qu'aucuns nomment le Verre, la Transparance ; autres la Section.) Et non pas simplement pour reptesenter les traits ou Contours desdits objets, mais aussi la place des jours ou esclats des diuerses lumieres sur iceux, de leurs ombres ou ombrages & mesme de la diffuse qui est lors que les rayons du Soleil ne se discernent pas, & par ainsi qu'il n'aparoist point d'ombre sur lesdits objets, sinon és lieux creux où cette lumiere ne peut foüiller ny entrer; ce qui s'exprime en n'ayant esgard qu'à l'affoiblissement de leur Couleur suiuant leur Endroit & Place.

Or comme dans ce Traitté il n'est point fait mention de representer ces mesmes choses sur des TABLEAVX ou surfaces de diuerses situations & differemment courbées en Voute, en Angle ou autrement; I'ay creu, ayant esté instruit par mondit *Sieur*

A

Desargues de la maniere de ce faire, Que plusieurs personnes affectionnées à cette pratique, seroient bien aises de la voir expliquée; & encore plus lors qu'ils auront compris comme elle est tres-methodique, facille, expeditiue & deschargée de plusieurs embarras & grandes difficultez.

J'ay tasché de faire conceuoir par les Planches 22, & 23, de ce Traité : Comme vne Perspectiue qu'on nomme communement Horizontale, ne doit point estre entenduë faite par vne autre maniere qu'vne nommée Verticale, & que c'est la mesme pratique ; à condition qu'on la vueille representer sur vn Tableau ou Surface platte, ce qui est dit afin que l'on ne croye point qu'elle doiue estre comprise parmy celle de ces Tableaux ou Surfaces Irregulieres.

Mais faute de bien entendre surquoy est fondée la pratique de la Perspectiue. Il est arriué que plusieurs qui s'y plaisent se sont formez sur l'execution d'icelle, mille chimeres capables de renuerser tout son ordre & sa precision , & qui pis est les ont publiées.

Donc pour des-abuser ceux qui ont ou peuuent auoir ces mesmes pensées, & pour s'il se peut en venir à bout, vous verrez s'il vous plaist le chap. X. de ce liure , & ce qui en sera dit & fait en sa Planche 28.

Il y a encores vne particularité laquelle n'a pas esté si amplement expliquée, dans mondit premier Liure de Perspectiue que j'espere faire en celuy-cy , touchant le rayonnement de la Veuë. C'est à sçauoir qu'il ne suffit pas pour auoir la sensation visuelle des objets ou sujets visibles de relief, de ne point changer la position de la masse de l'œil lors que l'on les desire colorer, j'entends sur vne surface ou Tableau plat, tant par ladite regle de Perspectiue qu'à veuë d'œil : Mais qu'il conuient en les regardant, vous abstraindre autant que vous pourrez de ne point varier ou (comme on parle communement) joüer de la prunelle, ou bien si vous en joüez de ne pas appliquer la couleur sur vostre Tableau de pareille force que vostre œil la voit ainsi en le variant; Autrement vous ne ferez point faire à ces objets ainsi representez sur le Tableau , leur entier effect & sensation de rondeur tournante & fuyante à l'œil , ainsi que fait l'objet naturel de relief , veu ainsi que j'ay dit d'vne seule œillade

Or comme j'ay resolu, Dieu aydant, d'en parler amplement en son lieu, & tascher de m'en expliquer par discours, & aux

Planches 2ς, 26 & 27, je n'en parleray plus icy.

De plus, encore qu'audit Traité en la seconde partie j'aye assez amplemēt expliqué la regle des places & proportions des fortes & foibles touches, Teintes ou Couleurs, qui est le vray moyen de faire faire à l'Oeil l'vnion de Colory de quelques objets que puisse estre composé vn Tableau, je ne lairray pas d'en dire encore quelque chose assez briefuement par vne autre maniere de parler meslée d'exemples ou comparaisons, laquelle j'ay trouuée satisfaire beaucoup d'honnestes gens, au moins me l'ont-ils tesmoigné, & que j'ay aussi donné facilement à entendre à plusieurs de nostre Academie Royale de la Peinture & Sculpture.

Les quatre dernieres Planches de ce Liure n'y sont que surabondantes, deux desquelles peuuent satisfaire ceux qui ne voyans pas l'yniuersalité de la pratique de Perspectiue expliquée en mon premier Traité, m'ont souuent demandé pourquoy je n'y auois point mis le moyen de representer en Perspectiue, les voûtes que l'on nomme d'Areste de Cloistre; ou d'Ogiue; Ne faisant pas reflexion que d'enseigner à reduire en Perspectiue vne porte en Arcade, suffit pour tout cela: puis qu'vne voûte de Cloistre n'est que deux portes en Arcade qui se croisent l'vne l'autre à droits Angles ou autrement.

L'autre Planche est pour Esbaucher vn moyen qu'vn de mes Confreres en l'art de la graueure en Taille-Douce nommé M. Nantueil & moy auons en quelque sorte treuué, pour sçauoir auec raison fondée en Geometrie Conduire en diuers sens & sur diuers Corps representez en graueure, soit au burin, à l'eau-forte, & en bois, les lignes que nous nommons Hacheures, lesquelles seruent à donner ausdits Corps leur expression de relief, soit plattes, soit rondes, tant par l'ordre & Conduite de leurs arengemens sur lesdits Corps, que par celle qu'elles doiuent faire parestre perspectiuement à l'œil de celuy qui les regarde.

Ie vous diray de plus que j'ay mis apres la Planche 26. de ce Traité vn Auertissement à ceux qui croyent que la Vision se fait tout ainsi que l'Illumination, comme l'on peut appliquer cette pensée sur ce qui est dit dans mon premier Liure touchant la raison du fort & foible, toucher ou coulorer, & aussi en suite vn discours pour expliquer les figures de la Planche 27 au sujet de cette Vision & Illumination sur les diuers Corps ou objets qui font plus ou moins oppofés audit Oeil de front ou de biais, foit tournans ou fuyans.

Et finalement vn autre qui eft qu'auant de commencer d'expliquer, par figures ou Planches auec leurs petits difcours à chacune, les particularitez cy deuant dites: j'efpere le pouuoir faire par vn affez ample difcours fans figures, pour d'autant moins en auoir à dire aux pages qui doiuent contenir l'explication defdites Planches qui leur font appofées. Ainfi ce que j'en diray fans elles feruira comme d'efbauche ou preparation en attendant la pratique effectiué fur icelles qui fera la Conclufion.

CHAPITRE I

DISCOVRS D'EXPLICATION
fur les Particularitez de ce Traité.

Pourquoy l'on ne doit pas efperer vne Maniere de pratiquer la Perfpectiue plus facile & abregée pour le commun des Ouuriers, que celle de Monfieur Defargues.

'A y dit au commencement du difcours qui a precedé que j'auois mis en lumiere vn Traité de Perfpectiue, que je croy auec plufieurs eftre le meilleur qui fe foit fait & fe fera. Et c'eft ce que j'ay promis de prouuer.

Il n'y a pas beaucoup de perfonnes entenduës en cette matiere qui ne fachent bien que depuis plufieurs milliers d'années, il ne paroift point que l'on aye treuué de plus brefue pratique pour conftruire vn Corps en relief, foit Figures, Baftimës, pieces de Meubles, &c. & pour les deffeigner *Geometralement* fur vne Surface platte, ainfi que l'on fait d'ordinaire les Plans ou Affietes, efleuations & profils d'iceux, enfembles les Cartes Geographiques, que par le moyen d'vne commune Mefure nommée, *Efchelle*; laquelle à diuers noms fuiuant les Pays, dont la plus commune en France eft (comme chacun fçait) nommée le PIED diuifé en 12 *Pouces*, & le pouce en autres 12 parties nommées *Lignes*; Et pour les Cartes Geographiques la LIEVE, *Demye lieuë, Quart & demy quart*.

Or quand il s'agift de faire quelques-vns de ces Ouurages par le moyen defdites Efchelles, on ne les compte jamais pour eftre vne des parties dudit Ouurage, mais feulement vn Outil pour les mefurer & traçer.

De mefme je croy que fuiuant noftre maniere de pratiquer la Perfpectiue par deux differentes Efchelles, l'vne nommée

A iij

Fuyante qui peut à bon droit estre nommée *Perspectiue*, & les autres *de Front*, qui sont chacune des Eschelles geometrales: L'on me doit conceder aussi que ces Eschelles ne doiuent pas faire partie de l'ouurage que l'on desire mettre en Perspectiue, mais semblablement comme celle du Geometral, estre vn Outil pour les mesurer ou tracer.

Donc pour soustenir ce que j'ay auacé, je dis que si on ne treuue pas vne pratique plus bresue de construire en relief le Geometral, & le tracer sur vne surface platte, que par le moyen de son Eschelle ordinaire ; De mesme à moins que de trouuer vn moyen plus bref de tracer ou couper l'Eschelle fuyante Perspectiue, l'on n'en sçauroit abreger la pratique, puis que fors la maniere de couper ladite Eschelle Perspectiue fuyante, il n'y a aucune difference de la pratique du *Geometral* à celle du *Perspectif*.

Et afin que personne ne pretende auec raison de dire, que la pratique de la Perspectiue oblige à faire treuuer plus qu'au Geometral, la Place des jours, Ombres ou ombrages, sur les corps qu'elle reduit en Perspectiue, ensemble les places des fortes & foibles, touches teintes ou couleurs ; Ie soustiens que si celuy qui desseigne le Geometral en entend bien la pratique, il doit sçauoir que la place des ombres sur iceux s'y doit placer par le moyen de son Eschelle, & en quelque sorte ces fortes & foibles touches, teintes ou couleurs.

CHAPITRE II.

Qu'il faut auoir bien entendu la pratique de la Perspectiue contenuë dans mon premier Traité pour bien executer ce qui est expliqué en celuy-cy.

LE but principal de ce *Traité* estant de donner vne pratique de representer en Pourtraiture ou Perspectiue sur diuers *Tableaux ou Surfaces irregulieres courbes*, ainsi que sur les *regulieres plattes, tous les objets visibles de la Nature:* Ie me treuue obligé d'auertir d'abord ceux qui ne sont pas encore assez auancez dans la pratique de la Perspectiue, principalement en celle que j'ay mise au jour, de ne se point embroüiller icy dans la pratique de ces Tableaux irreguliers & courbes, quoy que tres-facile, attendu que pour en venir facilement à bout il faut la sçauoir.

Toutefois à cause qu'il est fascheux de manier continuellement deux Liures pour receuoir Instruction des matieres dont
ils traittent ayant liaison & meslange l'vn auec l'autre, je n'ay
pas laissé, ainsi que j'ay cy-deuant dit, de reduire icy en gros, sinon
en mesme paroles, du moins en substance, plusieurs choses expliquées amplement dans mon premier Traité, ne laissant à re-
chercher en iceluy suiuant l'occasion, que ce qu'il y a de plus
particulier, ce qui est toutesfois ainsi que j'ay dit necessaire de
sçauoir afin de posseder cette pratique en tous ses cas, parties, &
circonstances, ou pour mieux dire son vniuersalité.

I'auois eu dessein de donner cette pratique de Perspectiue sur
ces diuerses surfaces ou Tableaux irreguliers & courbes selon
qu'elle est expliquée pour ceux qui sont plats & inclinez, aux
Planches 109 & 110 de mon premier Liure : Mais apres auoir
bien conferé là dessus auec Mondit Sieur Desargues, nous auons
trouué qu'il eust fallu entendre vn peu plus l'art de la Geometrie, du moins sa pratique, que ne sont d'ordinaire la pluspart
des Peintres & tels autres Desseignateurs, pour representer par
le moyen d'icelles sur les Tableaux plats inclinez & faisans angles ou courbures tous ces objets ou sujets cy-deuant citez: C'est
pourquoy nous auons choisi la maniere plus facile & expeditiue
& aussi juste & plus qu'aucune autre, assauoir par la reduction
du Treillis ou petit Pied esgal & inegal.

CHAPITRE III.

Ce que l'on doit entendre par le mot de TABLEAV
qu'aucuns ont nommé Verre, Section,
Transparence, &c.

POur donner à entendre ce qu'en la pratique de la Perspectiue je nomme *Tableau*, & sa situation à l'egard de l'œil, quoy
que cela soit amplement expliqué dans mon premier Traité,
Considerez premierement en quel & sur quel lieu d'vn Basti-
ment ou Surface vous desirez representer en Pourtraiture ou en
Perspectiue vn ou plusieurs objets visibles de la nature ou autres
formez de l'imagination. Et pour exemple au fonds, costé, ou
plat fond d'vne *Galerie, Chambre, Sale,* & tels autres lieux, Comme aussi sur diuers *Angles* & surfaces plates *ayans Auant corps &*
arriere corps, & finalement sur differentes sortes de *courbures en*

Voutes ou autrement & de diuerses inclinations, bref sur vn Rocher si besoin estoit.

Puis figurez-vous que tous les lieux ou espaces de chacune desdites Surfaces où vous desirez representer ces choses, sont percées ainsi que les *Portes, Fenestres, Arcades, œils de bœufs* & autres telles ouuertures; Et que vous y voyez au delà, & quelques-
fois au deçà les *Objets* ou *Sujets* qu'auez desiré representer dessus
ces surfaces auant que de les vous estre imaginées ouuertes, de
mesme façon que vous pouuez voir les corps ou objets qui peuuent estre au delà desdites portes, fenestres, &c.

De plus, representez-vous que le *bas*, les *costez*, & le *haut* desdites ouuertures supposées, vous bornent *l'œil* à ne pouuoir em-
brasser qu'vne portion des sujets qui peuuent estre au delà d'i-
celles.

Cela donc vous estant empraint dans l'imagination, il ne sera pas difficile de vous faire aduoüer, que s'il y auoit en chacune
de ces surfaces ouuertes vn *Verre*, vne *Thoille, Table*, ou tels autres plats-fonds de pareille grandeur que leurs ouuertures, ainsi
qu'est ordinairement proportionnée vne Thoille de Tableau ou
vne glace de miroir dans leur bordure, & que sur lesdits verres,
thoille ou table ces objets que vous vous estes figurez au delà y
fussent desseignez & coulorez, de sorte qu'il vous fissent pareille
sensation à l'œil que lesdits objets naturels vous faisoient : Vous
auriez sujet de dire que ces Tableaux seroient tres-bien executez.

Ainsi ce que je nommé TABLEAV deuant ou apres auoir lesdits objets ou sujets desseignez sur iceluy, est l'endroit determiné de la Surface surquoy on desire les representer de quelque
forme & situation qu'elle soit. Par ainsi vous deuez juger qu'il
y a industrie ou art pour treuuer sur toutes ces diuerses surfaces
la place precise des objets que l'on desire tracer sur icelles, ensemble faire que l'œil suiuant les occasions & la volonté, perdre
la sensation de leurs diuerses formes pour en auoir d'autres; De
sorte qu'vne surface courbe, ainsi qu'vn Tableau fait sur vne voûte, luy fasse la mesme sensation que si elle estoit droite, plate &
verticale, qu'vn Angle saillant paroisse enfoncé ou plat, & au
contraire qu'vn enfoncé ou rentrant paroisse saillant ou autrement suiuant le desir.

CHAP.

CHAPITRE IV.

Comme les apparences des Objets passent en la Surface du Tableau allant à l'Oeil, ou si l'on veut que les Rayons dudit Oeil y passent allants ausdits objets.

QVoy que ce point ne soit encore determiné entre diuers Philosophes, si ce sont les rayons de l'Oeil qui vont rencontrer le Sujet ou Objet, ou bien si c'est l'objet qui enuoye ses especes à l'Oeil : Cela ne me doit pas empescher d'expliquer icy ce que je desire, & dire qu'encores que pour plus grande facilité & distinction je fasse en mes Figures sortir d'ordinaire les rayons de l'œil sur l'objet, cela ne fait pas que je ne me range du party de ceux qui croyent que les especes sont pluitost emanées de l'objet à l'œil que non par l'emission de ces rayons à l'objet.

Or pour conceuoir en quelque façon ces rayonnements de l'Oeil à l'objet ou de l'objet à l'Oeil, & de mesme l'endroit où ils rencontrent la surface du *Tableau*, considerez & distinguez bien *trois choses*, & de plus l'endroit où elles seront scituées.

Premierement *l'Oeil*, secondement le *Tableau*, & en troisié- me & dernier lieu le *Sujet* ou *Objet* derriere ledit *Tableau*.

Par ainsi vous conceuez bien que je suppose la position dudit *Tableau* estre entre l'Oeil & l'objet.

De plus imaginez vous qu'ayant attaché à plusieurs parties de l'objet, tant de ses contours que de la place de ses jours, ombres ou ombrages, des filets bien deliez, & que les ayez pris ensemble entre vos doigts les faisant continuellement tenir en lignes droites ; vous les auez portez en cét assemblage à vo- stre Oeil, de sorte qu'ils ayent tous passé au trauers de la Thoille, Verre autrement la surface du Tableau, sans auoir en aucune façon perdu leur ordonnance piramidalle qu'ils gardoient en- tr'eux, ny chacun leur ligne droite.

Et pour dire la mesme chose d'vne façon peut estre plus intel- ligible, representez-vous que du centre de l'Oeil, la prunelle estant arrestée fixe, il sorte des rayons qui aillent rencontrer le Tableau & les endroits de l'objet où vous deuiez attacher ces filets sans aussi qu'aucuns de ces rayons perdent leurs lignes droites ; Il s'ensuiura que par ce moyen ces filets venans de l'ob-

B

jet à l'Oeil où les rayons d'iceluy allans à l'Objet , vous aurez marqué audit Tableau de quelque forme & position qu'il soit, les places ou endroits precis dudit sujet ou Objet & de ses jours ombres ou ombrages : qui est ce que l'on doit treuuer par la regle ou pratique de ladite Perspectiue. Or cela sera expliqué bien plus visiblement & auec moins de discours aux Figures ou Planches, reste donc de donner à entendre de quelle sorte il faut affoiblir ou fortifier la couleur desdits objets sur ces diuerses surfaces ou Tableaux.

Ayant bien imaginé la place ou scituation de ces rayons ou filets sur ces diuers Tableaux, il faudra encore conceuoir que si la veritable couleur de l'objet estoit coulée du long de ces filets ou rayons sur vn Tableau plat , & que ce sujet fust composé de diuers objets plus ou moins proches dudit Tableau , l'Oeil ne pourroit pas auoir la mesme sensation de ces Couleurs ainsi fortes sur iceluy qu'il auroit de celles de l'objet , d'autant qu'entre ces differents objets il y en a qui sont inegalement esloignez où se presentent à l'Oeil plus ou moins de biais ; où enfin il y a entr'eux des interuales ou espaces inegaux remplies d'air, ce qui fait que l'Oeil a aussi la sensation de leur Couleur plus ou moins forte ou foible cela n'arriueroit pas audit Tableau , comme il a esté dit , à cause que de tous ces objets la Couleur y seroit d'esgale force : C'est pourquoy il faut en quelque sorte treuuer par la regle le moyen de les y affoiblir plus ou moins selon les sujetions requises.

CHAPITRE V.

Discours pour entendre auec plus de facilité ce qui est expliqué aux Figures touchant le moyen de treuuer sur ces diuers Tableaux par la regle les parties d'vn Objet & sa Couleur, de sorte que l'Oeil reçoiue de ces objets ainsi desseignez & peints la mesme vision ou sensation qu'il en auroit en regardant lesdits Objets naturels de relief.

LA surface ou Tableau sur lequel on represente le plus ordinairement en Pourtraiture ou Perspectiue par la regle où d

veuë d'Oeil les diuers objets visibles de la Nature, est platte &
supposée de front deuant l'Oeil du Regardant, & aussi perpendiculaire ou à plomb sur vn plan Orizontal que je nomme icy plan
d'assiette sur lequel ledit regardant doit estre entendu posé ou
placé.

Le rayon de l'Oeil de ce regardant y est aussi nommé la ligne
du plan de l'Oeil ou Orizontale, lequel plan est toûjours entendu paralel à celuy d'assiette sur lequel sont posez à plomb ainsi
que j'ay dit ledit Tableau & le regardant.

L'interuale dudit rayon de l'Oeil, lequel est contenu depuis
ledit Oeil jusques au Tableau, est nommée la *Distance* dudit
Oeil à ce Tableau, & celuy qui est contenu depuis les pieds du
regardant sur le plan d'assiette jusques à son Oeil, est nommée
l'esleuation de l'Oeil. Or est à *Notter* que ces deux interuales de
distance & d'esleuation d'Oeil peuuent à l'occasion estre prises
plus ou moins grandes & esleuées.

Dauantage on suppose ainsi qu'il a esté dit que les objets que
l'on desire representer en Perspectiue peuuent estre placez & si-
tuez derriere le Tableau tant esleuez au dessus, qu'abaissez au
dessous du plan d'assiette, mesmement pour les desseigner à
veuë d'Oeil, il est à propos de s'imaginer les voir à trauers & au
delà d'vn Verre ou surface platte, mince & transparente (&
pour cause) ainsi qu'il sera expliqué en son lieu.

D'ordinaire aussi la partie du plan d'assiette qui est derriere le
Tableau ou Verre est imaginée carrelée ou treilliffée d'assiettes
ou plans de carreaux égaux & rangez en forme de Treillis ou Es-
chiquier, de sorte que le premier rang touche de frôt le bas dudit
Tableau, & en suite le second, puis le troisiéme, & ainsi du reste
tant qu'il y en aura; par ce moyen il s'ensuiura que les lignes
qui separent ces treillis ou plans de carreaux les vns des autres
iront de deux sens diuers, les vns paralellement à cette premiere qui touche ou joiñt le bas du Tableau, lesquelles sont
nommées Eschelles de front, les autres qui seront perpendiculaires à ces de front ou autrement sont nommées fuyantes.

Or supposant que ces carreaux ou treillis ayent chacun vn
pied de front & vn de fuyant, il sera aisé de sçauoir, les objets
estans posez dessus, combien ils occupent de carrez, & si lesdits
objets sont esleuez au dessus ou enfoncez au dessous desdits
treillis, l'on peut aussi estre asseuré de combien ils le sont: Mais
cela estant amplement expliqué en mon premier Traité & vn

peu en ceruy-cy, je me contenteray de vous dire qu'aux Planches 18, 19, 32, 33, 43, 44, & fuiuantes dudit Traité, vous verrez
le moyen de reprefenter fur cette furface ou Tableau plat ces
Treillis ou Carreaux en Perfpectiue, enfemble quelques objets;
Et par ce moyen il vous fera facile d'entendre la Maniere de
faire fur les Tableaux Irreguliers, & inclinez les treillis ou carreaux perfpectifs.

Mais de neceffité & auant toute chofe ainfi que j'ay cy-deuant
dit, il faut fçauoir la Maniere de faire vn de ces Tableaux plats &
Verticaux perpendiculaires au Plan d'affiette, puis que celuy
qui doit feruir ordinairement de Modelle pour tous ces irreguliers doit eftre entendu Vertical.

Maniere de commencer à trauailler fur les Ta-
bleaux Irreguliers: Et premierement, de faire
le petit Tableau Modelle, pour apres par le
Moyen des Treillis Geometraux faits fur ice-
luy, le remettre en grand fur les Treillis Per-
fpectifs, faits fur le lieu où l'on defire de Tra-
uailler.

LOrs qu'il fe prefente occafion de faire quelque *Tableau*
fur vne Voute ou Surface irreguliere; Il faut premierement en determiner la largeur & la hauteur, puis chercher
l'endroit conuenable pour la regarder, en forte que d'vne feule
Oeillade le regardant puiffe facilement en Voir toute l'eftenduë, fans en aucune façon changer la pofition de l'Oeil.

Et s'il arriuoit qu'il n'euft pas affez de diftance ou d'efloignement pour ce faire, il faudroit fe refoudre à faire diuers Tableaux qui auroient chacun leur lieu determiné pour les voir;
& c'eft ce qui arriue fouuent aux grandes Salles ou Galeries en
Voute ou autrement. Car d'ordinaire ayant à en faire aux bouts
& extremitez d'icelles, on n'eft point en cette peine à caufe de
leur grande profondeur ou longueur, puis que par ce moyen
vous y pouuez prendre vne raifonnable diftance.

Mais quand il s'agift d'en faire dans vne Voute ou Plat-fonds,
ou és coftez d'icelle, Et que vous ne pouuez auoir ladite di-

ſtance plus longue que depuis voſtre Oeil juſques au haut de ladite Voute ou Plat-fonds, & pour les Tableaux des coſtez que celle de la largeur dudit lieu, & que leſdites diſtances paroiſſent trop courtes, il faut auoir recours ainſi qu'il a eſté dit à faire vn partagement de Tableaux.

Or d'autant qu'il eſt comme impoſſible de preuoir toutes ces ſujections & obligations pour en donner des aduis particuliers, je remets le tout à la diſcretion des Praticiens, apres les auoir aduertis du general ; Seulement, diray-je icy de plus pour faire que l'Oeil puiſſe receuoir dauantage d'agréement de ces choſes, qu'il faut ſi faire ſe peut prendre ladite diſtance de l'Oeil au Tableau auſſi grande que le double de la plus grande partie d'iceluy, & s'il ne ſe peut, faire qu'elle ne ſoit pas moindre que de ſa meſme grandeur ; Toutefois c'eſt comme j'ay dit ſuiuant les ſujections, & alors que l'impoſſibilité y eſt, faut faire en ſorte que l'object ſoit plus reculé du plan ou coupe dudit Tableau, Et par conſequent il ſera Senſation d'vne choſe plus eſloignée qui par ce moyen ſupleera à cette trop courte diſtance.

De plus on peut auoir intention, ainſi que j'ay dit, de faire en ſorte que l'eſpace d'vne telle Surface platte irreguliere en Voute inclinée ou autrement, où l'on deſire faire vn Tableau, faſſe la Senſation à l'œil d'vne Feneſtre ou Porte ouuerte, au delà deſquelles on puiſſe conceuoir des Objects repreſentez ſuiuant vne poſition ou ſcituation & eſleuation d'œil determinée, & par ainſi luy oſter entierement la ſenſation de la forme de ladite Surface telle qu'elle puiſſe eſtre.

Sur de pareilles Surfaces on peut auſſi d'vne meſme poſition d'Oeil, repreſenter des Objects qui ſembleroient y eſtre appliquez, comme les Bas-reliefs ou demies Boſſes, & par conſequent les meſmes choſes entaillées en creux ſur icelles, ſans faire que leſdites ſurfaces ſemblent changer de forme ny d'inclination, & au contraire l'on peut faire que tels Bas-reliefs ou en creux, & meſmes des rondes Boſſes ou autres telles choſes appliquées ou enfoncées ainſi ſur vn Tableau Plat-fonds, ſur vn Incliné, enſemble ſur vne Voute, &c. Feront la ſenſation à l'œil Comme s'ils eſtoient eſlenez, attachez, poſez, & creuſez ſur des Surfaces plates, Verticales ou autrement à plomb ſur l'Oriſon.

Par ainſi il eſt aiſé de juger, que s'agiſſant de Deſſeigner &

fur tout de colorer, ombrer ou ombrager, affoiblir ou fortifier les Objects qui font au delà de ces Tableaux ou Surfaces
fuppofées percées ainfi que j'ay dit; Il ne faut point auoir efgard
au jour qui vient des feneftres, ou autres telles ouuertures faites pour donner de la clarté dans le lieu où vous defirez faire
de tels Tableaux, puis qu'ils doiuent auoir leur jour particulier
de Campagne ou autrement, enfemble leur meflange conuenable des airs qui les enuironnent, ainfi qu'ont ordinairement
les Objects naturels que l'on voit au delà des Feneftres, Portes
ou autres telles ouuertures.

Mais lors qu'il s'agift de reprefenter de tels Bas-reliefs & en
creux, des Rondes boffes, & autres telles chofes: Il faut fe feruir auec Iugement & Art des jours qui viennent par lefdites
Ouuertures & Feneftres, felon qu'elles font plus ou moins proches defdits Bas-reliefs & Surfaces.

Et d'autant que la maniere de fe prendre pour trouuer les
jours ou efclats de ces lumieres, & ces ombres ou ombrages,
Enfemble leurs affoibliffemens fur ces diuers Objects femble
vn peu Compofée; Celuy qui treuuera le moyen de les reprefenter fur le Tableau Modelle en verra vne grande partie auec ce
qui en fera dit en fon lieu.

*Pour reduire ou tranfporter en petit fur vn Ta-
bleau plat la hauteur & largeur de la grande Surface ou Tableau, tel qui puiffe eftre regulier ou non, pour puis apres fur ce petit Tableau plat deffeigner par Regle ou à veuë
d'Oeil tels Objects que l'on defirera pour feruir de Modelle ou Patron pour lefdits grands
Tableaux.*

AYANT donc determiné ainfi qu'il a efté dit, La Largeur
& Hauteur, bref la forme de la grande Surface ou Tableau
fur lequel vous defirez trauailler, Et fuppofé que ce fuft vne
Voute, vous prendrez le bas comme à l'ordinaire pour eftre
la baze d'iceluy, fçauoir l'endroit où finit la Corniche; Enta-
blement, ou Pied-droit, ou commence d'ordinaire la cour-

bure de la Voute , qu'aucuns nomment l'endroict de la Corde, ou tirant de l'Arc ou l'Imposte , laquelle sera de front deuant vous suiuant l'occasion , & aura par exemple huict pieds de largeur & seize de hauteur , qui est depuis ladite de front ou baze dudit Tableau , jusques au haut d'iceluy , & ainsi le mesme des autres Surfaces en Plat-fonds & inclinées.

Il faut apres cela par le moyen d'vn plus Petit-pied ou Eschelle, tracer cette grandeur sur vostre petit Tableau plat Modelle bien proportionnellement à icelle , en apres compter combien vous trouuez de pieds sur l'Interuale de vostre distance , qui est comme j'ay dit depuis l'Oeil du regardant jusques à vostre Pied-droict ou mur sur lequel est posée vostre Voute ou Tableau , en sorte que ledit rayon ou distance luy soit perpendiculaire.

Remarquez donc que je suppose qu'il part dudit Oeil vn rayon paralel au plan d'Assiette , ou plain-pied de la Sale ou Galerie qui va establir ou marquer vn point de Veuë sur ledit Pied-droict , lequel sera celuy qui vous doit seruir pour faire vostre petit Tableau Modelle : Et si au lieu que vostre grand Tableau est en Voute , il estoit plat & à Plomb dudit Mur ou Pied-droict: Il faudroit que ce point de Veuë fust le sien comme vous pouuez voir en la Planche 4 de ce Liure.

Ayant donc pris cette distance OF vous n'aurez qu'à Couper ou Tracer par le nombre des pieds qu'elle aura , vostre Eschelle fuyante sur le Tableau Modelle, & le tout suiuant & conformément à ce qui est expliqué en mon premier Liure & en cettuy-cy; Et pour ce qui est de pouuoir trouuer le point de Veuë ainsi hors du Tableau, vous n'aurez qu'à voir de combien il est esloigné de la baze de vostre Tableau en Voute , puis entendre par ce qui est dit aux Planches 53, 54, 55, 56, de mondit premier Liure comme il faut trouuer ce point de Veuë ainsi hors du Tableau , à moins que vouloir faire vostre petit Tableau Modelle sur vn lieu assez grand pour y contenir au dessous ou autrement l'espace conuenable pour y tracer hors d'iceluy ledit point de Veuë & ses Eschelles, comme vous voyez en la Planche 6 de ce Traicté : Et par ainsi vous n'aurez ayant coupé vostre Eschelle fuyante sur vostre Thoille ou Plat-fonds pour faire vostre petit Tableau Modelle, qu'à representer dessus perspectiuement à l'ordinaire les Objects qu'auez determiné y faire : Ce Tableau Modelle estant ainsi fait & bien sec , Il conuiendra y tracer des-

fus vn Treillis ou Petit-pied de carrez egaux, comme cela se
peut voir encore en la mesme Planche 6.

Par ce moyen vous n'aurez qu'à sçauoir faire vn autre grand
Treillis Perspectif, d'vn pareil nombre de carreaux sur la Surface de voftre Voute, pour y reduire sur iceux, en contant carreau pour carreau, ou treillis par treillis, & place pour place,
suiuant ceux de voftre petit Tableau Modelle, les traicts ou
contours qui forment vos Figures desseignées sur iceluy proportionnellement, & apres cela fait il n'y reftera plus à trenuer
que la maniere d'affoiblir & fortifier sur voftre grand Tableau
ou Surface Voutée, ou autrement leurs teinctes, touches ou
couleurs, suiuant le lieu & l'occasion. C'est pourquoy je trouue bien à propos de Colorer ledit petit Modelle, suiuant les pre-
ceptes contenus en la seconde Partie, qui est vers la fin de mon
premier Liure, traittant de la place & proportion des fortes &
foibles, touches, teinctes ou couleurs, ou pluftoft par les Regles que nous dirons en cettuy-cy; Car par ce moyen voftre
grand Treillis eftant fait, les Efchelles de front & fuyantes vous
donneront la connoiffance de la proportion d'Afoiblir les Couleurs contenuës sur les Sujects & Objects de voftre petit Tableau Modelle aussi bien que des Traicts & Contours d'iceux,
& de plus par ce qui en fera dit en son lieu en ce Traitté.

CHAPITRE VI.

Pour d'autant mieux donner encore le moyen de
faire ledit petit Tableau Modelle, & de s'en
feruir pour reprefenter en Grand fur vn quel-
conque Tableau, les Objects deffeignez fur
iceluy.

CRAIGNANT que de plufieurs qui defireront entendre
cette pratique, il y en ait qui ayent peine à conceuoir net-
tement le moyen de faire ledit Tableau Modelle, je tafcheray
de m'en expliquer encore icy d'vne autre forte.

Il me femble qu'il ne feroit pas difficile de tracer les Efchelles
de front & fuyantes perfpectiues fur vn grand Tableau ou Surface Platte, ayant 16 pieds de haut & 8 de large, & expofée de
front deuant foy, enfemble Perpendiculaire ou à Plomb fur le
Niueau

Niueau ou Plan d'affiette, & en auoir determiné la diftance de
16 Pieds, & l'efleuation de l'Oeil de 4 & demy au deflus du
plan d'affiette.

Or fi d'vne telle Surface & d'vne pareille pofition vous en voulez faire deux Tableaux, mis l'vn fus l'autre, & chacun par exemple d'vne mefme grandeur, vous fçauez qu'en partageant ladite
furface en deux parties egales, chaque Tableau aura huiƈt pieds
de haut & autant de large, & remarquez auffi qu'ayant pris
comme cy-deuant la mefme diftance de 16 Pieds, & placé le
point de Veuë à 4 pieds & demy de la baze du Tableau d'embas,
ledit point de Veuë fe treuuera par confequent dans iceluy & non
au Tableau d'enhaut, ainfi fi vous auiez tracé en celuy d'embas
les Efchelles de front & fuyantes Perfpeƈtiues, enfemble par leur
moyen fait le treillis ou carrelage Perfpeƈtif, la difference de
faire la mefme chofe en celuy d'enhaut, n'eft autre finon qu'il
faut mener par les diuifions du bas dudit Tableau d'enhaut des
lignes fuyantes au mefme point de Veuë de celuy d'embas, puis
que ledit point de Veuë eft commun à ces deux Tableaux defquels lefdits treillis feront paralels entr'eux & au Plan d'affiette, Et que celuy qui les regardera de l'endroit determiné pour
leur diftance & efleuation d'Oeil, verra le treillis ou carrelage
de celuy d'embas par deffus, & de celuy d'enhaut par deffous,
puis que ledit Oeil eft placé au deffous d'iceluy. La mefme chofe
doit arriuer des objeƈts qui feront deffeignez fur chacun defdits
treillis, tant leurs affiettes ou plans que leurs efleuations: Or par
ce moyen ayant fait & parfait lefdits deux Tableaux par des objets femblables, il arriuera que vous les embrafferez tous deux
d'vne feule œillade par vne mefme diftâce & efleuation d'Oeil.

Par ainfi n'ayant fait fur ladite furface de 16 pieds de haut &
de huiƈt de large que le Tableau d'enhaut qui en a par confequent huiƈt de large & autant de haut; Il s'enfuiura que ce feroit vn Tableau plat vertical efleué fur vne furface auffi verticale de mefme largeur & hauteur que ledit Tableau, & dont la
diftance feroit de 16 pieds, & l'efleuation de l'Oeil fur le Plan
d'affiette de 4 pieds & demy: Et par confequent le point de Veuë
fe treuuera fur ladite furface verticale ou pied-droiƈt efloigné au
deffous de la baze dudit Tableau d'enhaut de trois pieds &
demy.

Apres cela je dois ce me femble croire, que fi vous auiez à
faire diuers corps ou Objeƈts fur de tels Tableaux efleuez ainfi

C

plus ou moins, vous deuez dire qu'il ne feroit pas de befoin d'en faire vn petit Tableau Modelle : Ains au contraire, je penfe que vous defireriez les deffeigner tout d'vn coup fur le lieu : Et fur cela il vous plaira de voir la Planche 4 de ce Liure, & fon difcours où j'ay tafché d'exprimer la mefme chofe.

Mais fi vous auiez defir d'en faire fur diuerfes formes de furfaces, ainfi eflcuées comme en Plat-fonds inclinées, en Voute, regulieres ou non, puis fur vne furface biaize, en Angle faillant ou rentrant, ou dedans ou deffus vne Tour cilindrique ou autrement, bref comme j'ay dit fur vn Rocher fi befoin eftoit ; vous jugez bien que le Compas, la Reigle, ny le filet ou cordeau, ne feroient pas toufiours propres pour ce faire ainfi qu'aux Tableaux plats & verticaux.

Par ainfi il me femble raifonnable d'en dire quelque chofe icy, & de commencer par le neceffaire, qui eft de prendre la mefure exacte defdites grandes furfaces telles qu'elles feront pour les reduire en petit, pour faire le Tableau Modelle.

Quand la Surface ou Tableau eft courbe d'vn fens, en forte que l'on n'y peut mener des Lignes droites, ainfi que l'exemple de la Planche 19 & de quelques-vnes qui la fuiuent ; Vous n'auez qu'à compter comme cy-deuant combien la baze ou fondamentale de front de voftre Tableau contient de pieds, puis en faire la mefme chofe de fa hauteur, laquelle je fuppofe eftre contenuë depuis ladite Baze jufques au lieu determiné pour le haut dudit Tableau, foit que fa largeur foit egale ou non à celle d'embas.

Il y a des Surfaces où il ne fe trouue point ainfi de baze ny autres telles chofes qui les terminent, comme l'on voit aux Galeries, Sales, Chambres, &c. d'ordinaire les Menufiers & Ouuriers font ces diuifions, & par ainfi donnent facillement le moyen d'auoir ces grandeurs de Tableaux.

Encore bien que les Planches & la capacité de ceux qui verront ce Traitté deuffent fuffire pour leur donner à entendre le moyen de prendre la mefure de telles Surfaces non terminées, je ne laifferay pas de dire icy qu'il la faudroit determiner par des ficelles tenduës de front en bas & en haut, & aux deux coftez, de forte que de l'Oeil & diftance du regardant elles compriffent entr'elles toute l'eftenduë fur laquelle on defireroit faire le Tableau, & par ainfi il conuiendroit compter le nombre des Pieds que contiendroit chacun de ces filets ou ficelles, ainfi qu'il a esté cy-deuant dit, qu'il faloit faire sur les Tableaux terminez.

Ayant donc par ce moyen toutes ces grandeurs que nous sup-
posons mesurées par nostre mesuré de Pied, pouce, & ligne,
il n'y auroit plus qu'à les reduire en petit proportionnellement
sur les surfaces plattes, destinées pour faire le Tableau Modelle;
puis y faire dessus les Eschelles de front & fuyantes, & en suitte
les diuers Objects comme il a esté expliqué cy-deuant.

Mais afin d'inculquer bien ce moyen, venons à vn ou deux Exemples.

AYANT donc desir de representer vn ou plusieurs Objets visibles de la Nature sur vn Tableau ou Surface en plat-fonds,
inclinée ou non paralellement à l'Orizon ou au plan d'assiette,
ainsi qu'és Planches 9. & 10, de sorte que ladite surface & ses
Objects fissent à l'Oeil du regardant la Sensation d'vn Tableau
esleué à plomb sur l'Orizon ou plan d'assiette, ainsi que le Tableau d'enhaut de ladite Planche 9, d'vne fenestre ou porte en
arcade PPP.

Il n'y a comme j'ay dit qu'à reduire en petit proportionnellement la grandeur de ce plat-fonds, puis compter le nombre
des pieds que contient la distance qu'il y a de l'Oeil du regardant jusques au Pied-droict sur lequel pose la baze dudit plat-
fonds, & aussi de combien le point de Veuë qui est marqué sur
ledit Pied-droict est esloigné de ladite fondamentale de front
ou baze.

Lors ayant diuisé la baze du Tableau Modelle en vn pareil
nombre de parties égales nommées pieds qu'en peut auoir vostre baze du Tableau plat-fonds, & assigné le point de Veuë en
ce petit par proportion du grand dedans ou dehors, ainsi que
cela se peut voir sur les pieds-droicts des Planches 12, 13, 14, &
autres; Et par ce moyen coupé les Eschelles de front & fuyantes
suiuant & conformément à cette distance cy-deuant dite & expliquée aux Planches 6, 8, 9, 10, vous n'aurez plus qu'à mettre
ou tracer suiuant ces eschelles Perspectiues sur ledit petit Tableau Modelle les corps ou objets qu'auez desiré.

Et finalement ainsi que j'ay dit vous ferez sur iceluy vn treillis Geometral egal aux diuisions tracées sur sa Baze, & d'vn
mesme nombre pour en apres le mettre Perspectif en grand sur
ledit Tableau plat-fonds paralel à l'orizon ou incliné, lesquelles se feront de la mesme maniere que les Eschelles de front &

fuyantes dudit petit Tableau Modelle, ainſi que vous verrez aux troiſiémes Planches de ce Liure.

Ie ne daignerois vous expliquer icy en particulier le moyen de faire le Tableau incliné, puis que je l'ay compris en general, ce qui vous ſera facile de voir és Planches 10 & 13.

Mais pour vn ſur vne voûte courbe d'vn ſens comme és planches 14 & 15, & pour vn ſur vne voûte de Cloiſtre ou d'Ogiue ou cul de Four j'ay creu en deuoir dire quelque choſe.

Vous remarquerez donc que les veuës ou aſpects de telles ſurfaces doiuent touſiours eſtre auec leurs pieds-droicts, ainſi que ceux de cy-deuant veuës & embraſſées d'vne ſeule Oeillade, pour en faire à chacun ſur ſon petit Tableau Modelle les Eſchelles de front & fuyantes Perſpectiues, & touſiours par le moyen de la diſtance de l'Oeil du regardant perpendiculairement ſur le pied droict deſdites voutes, Au poinct de veuë F, que ce rayon de la diſtance QF, y marque deſſus: Ce que vous pourrez encore voir aux Planches 11, 12, 13, 14, 16, 17, & 18.

CHAPITRE VII.

Moyen de couper les Eſchelles fuyantes de ces diuerſes Surfaces ou Tableaux, & faire les treillis ou carreaux Perſpectifs.

CE qui ſe peut treuuer de different pour tracer ou deſſeigner les treillis ou carreaux Perſpectifs ſur leſdites voutes à comparaiſon des Tableaux en plat-fonds & inclinez, eſt que ſur ces derniers, le compas, la regle, le cordeau ou filet peuuent ſeruir ſans autre choſe à executer cela entierement; Mais pour faire la meſme choſe ſur les voûtes & autres Surfaces irregulieres ainſi qu'il a eſté dit il les faudra tracer, principalement ceux de Cloiſtre, d'Ogiue ou cul de Four, auec des filets ou ficelles par le moyen de la chandelle, ou bien par poincts donnez ou treuuez auec de tels filets, ou en bornéyant ou mirant de l'œil ainſi que cela ſe peut voir depuis la Planche 14 juſques à la 21.

Et ce qu'il faut bien notter ou remarquer, eſt que pour auoir le point de Veuë de toutes ces diuerſes ſurfaces, pour ſur icelles tracer les treillis Perſpectifs des petits-pieds ou treillis geometraux du Tableau modelle ainſi que montrent la Plan-

chc 12, jufqueà la 17, Il faut du mefme point d'Oeil O du regardant A O (lequel a determiné la diftance & le point de
veuë F, pour ledit Tableau modelle allant perpendiculairement au pied-droict defdits Tableaux inclinez & en voute) Efle-
uer dudit poinct O vne ligne ou ficelle à plomb tant qu'elle
aille toucher le haut du Tableau plat-fonds incliné ou voute,
& mefme hors d'iceluy en quelque part que ce foit. Et lors ce
poinct fera celuy de veuë aufdits Tableaux, auquel doiuent aller aboutir ou fe rencontrer toutes les fuyantes.

Or il pourra arriuer que fur les Tableaux en plat-fonds inclinez & autres, ledit point de veuë ne fe treuuera pas, ce qui
n'importe pas beaucoup ; mais cela aduenant il faudra fe feruir
de filets pour faire ou tracer lefdits treillis Perfpectifs ou bien
de chandelle ou autres telles chofes, ainfi que fur les furfaces
courbes comme vous verrez aux Planches 16, 17, 18 & 21.

Et à caufe que ce point de Veuë pris ou treuué ainfi au deffus
du regardant fur ces diuers Tableaux pourroit furprendre ou
eftonner ceux qui ne font pas affez entendus à conceuoir l'vni-
uerfalité de la pratique de la Perfpectiue, & d'autant plus leur
difant que l'interuale dudit Oeil du regardant à ce point de
veuë ainfi determiné au haut defdits Tableaux en plat-fonds inclinez & en voûte, &c. doit eftre la diftance par le moyen de
laquelle il faut couper ou tracer l'Efchelle fuyante fur lefdites
furfaces : Ils doiuent prendre garde que quand on fait vn treillis Perfpectif de carreaux, principalement fur vn Tableau plat
& vertical qui eft l'ordinaire pofé à plomb fur le plan d'affiette, fur lequel eft la Station du Regardant debout affis ou efleué. On a fuppofé que la partie ou furface dudit Plan d'affiette
qui eft derriere ledit Tableau eft aufsi treilliffée ou carrelée de
carreaux geometraux, & que la ligne du plan de l'Oeil ou rayon du regardant eft toufiours conceuë ou entenduë paralelle
audit plan d'affiette.

La mefme chofe arriue pour cette ligne tirée ainfi à plomb
ou verticalement de l'Oeil du regardant au haut de ces Tableaux plat-fonds ou en voutes, car fi vous conceuez ainfi qu'aux
Planches 11, 12, 13, 14 &c. vn plan d'affiette ainfi treillifé ou
carrelé de carrcaux derriere le plan du Tableau & efleué à plomb
fuiuant le pied-droict vous reconnoiftrez qu'il fe treuuera eftre
paralel à ladite ligne ou profil du plan d'affiette, & que la difference n'eft qu'en la diuerfe pofition ou fcituation defdites

C iij

furfaces, ou Tableaux : Et pour d'autant mieux verifier mon dire & mefme à l'œil, il n'y aura fur ce fujet qu'à voir les Planches 3 & 12.

Mais pourfuiuons s'il vous plaift la praticque de faire le grand treillis perfpectif fur ces diuers Tableaux, les Planches 11, 17, 18 & autres, vous feront voir qu'il y a icy deux moyens tres-facilles de ce faire.

L'vn, en ayant vn grand lieu bien plat foit d'vn mur efleué, ou le plancher fur lequel peuuent eftre exhauffées & placées lefdites voutes ou autres furfaces ou Tableaux, & tel en grandeur platte., que l'on puiffe tracer deffus ainfi qu'en la Planche 11 le profil du Tableau, & celuy de fon plan d'affiette fuppofé eftre derriere luy & à plomb fur le pied-droict, & en fuitte la pofition de l'Œil du regardant de mefme grandeur que voftre naturel effectif.

Cela eftant & voulant couper l'Efchelle fuyante Perfpectiue, vous n'aurez qu'à tirer des droites de chaque diuifion faites au profil dudit plan d'affiette au point de l'œil du regardant, ainfi que ladite planche 11 vous montre ; Et par ce moyen elles auront coupé le profil de voftre Tableau tel qu'il foit , en parties Perfpectiues , qui eft l'Efchelle fuyante.

Cela ainfi fait vous n'aurez plus qu'à tranfporter conuenablement fur voftre Tableau ou furface, lefdites parties Perfpectiues, à condition que le point de veuë fe foit trouué dans lefdits Tableaux ou bien fur les mefmes plans ou furfaces d'iceux ainfi qu'aux Planches 12, 13, puis en fuite mener des defront par les diuifions Perfpectiues de cette fuyante , & finalement des fuyantes au point de veuë à la regle , filet ou cordeau.

Par ce moyen vous aurez fait vn treillis ou carrelage Perfpectif preft à deffigner deffus fuiuant les petits treillis Geometraux de voftre Tableau modelle, les Objets contenus fur iceluy.

De plus, fi voftre Tableau eft vne voute cilindrique, n'y ayant deffus icelle aucune ligne qui vous puiffe donner l'vn des coftez ou montans du Tableau, pour par ce moyen y raporter les parties Perfpectiues comme vous les voyez contenuës fur les profils des deux en voûtes de ladite Planche 11. Il n'y aura qu'à attacher à ladite voûte en haut vn filet ou ficelle qui ait en fon bout, d'embas vn plomb attaché ; Puis ayant mis la lumiere d'vne chandelle derriere ladite ficelle & vn peu efloignée , elle fera fur ladite furface en voûte ou autrement, vne ombre lors fur cette

ombre vous tracerez vne ligne qui vous seruira, en commen-
çant du bas de vostre dit Tableau ou fondamentale de front, a
y transporter comme sur ces Tableaux plat-fonds ou inclinez,
les parties ou pieds fuyants perspectifs tracées sur le profil desdits Tableaux courbes en montant tousiours sur ladite ligne
vers le point de veuë du haut de la voûte, & par ainsi vous n'aurez plus qu'à mener par ces diuisions les lignes de front puis les
fuyantes au point de veuë, ainsi qu'il est expliqué aux Planches
15, 17, 18, 21, &c.

Mais d'autant que l'on ne trouue pas tousiours de grandes
surfaces ou lieux plats si vnis pour couper de la sorte ces Eschelles fuyantes par le moyen de ces profils, & que par nostre
maniere cela se peut faire en beaucoup moins d'espace, &
mesme quand ledit lieu plat ne seroit pas assez grand pour y
contenir la hauteur ou l'interuale qu'il y aura de la baze du Tableau au point de veuë, vous ferez la mesme chose en la re-
duisant proportionnellement en petit par moitié, par tiers, par
quart ou autrement, & ie vay donner la maniere de ce faire.

CHAPITRE VIII.

Pour couper les Eschelles fuyantes pour tous ces Tableaux irreguliers par la maniere expliquée amplement en mon premier Traité, & bresue-ment en cetuy-cy.

VOus pourrez voir par les Planches 8, 9, & 10 de ce Liure,
que la maniere de couper ou tracer l'Eschelle Perspectiue
fuyante, & en suite en faire les treillis Perspectifs pour vn
Tableau plat-fonds & incliné, n'est que la mesme d'en faire
vn vertical à l'ordinaire, lors que le point de veuë se trouue
au Tableau ou dans le mesme plan d'iceluy.

Mais quand il arriue que ledit point de veuë ne s'y trouue
pas, & que la surface du Tableau est courbe & irreguliere, Il
faut transporter sur quelque lieu plat & vny ainsi que i'ay dit,
l'interuale contenuë entre la baze du Tableau & la ligne du Plan
de l'Oeil: Lors en faisant sur cette Surface platte comme sur ces
Tableaux en plat-fonds & inclinez, vous couperez l'Eschelle
fuyante, en prenant pour ce faire la distance contenuë depuis

le point de veuë *f* en haut iusques en bas à l'Oeil O du regardant, & de cela vous en pourrez derechef voir la maniere aux Planches 16, 17 & 18.

Suit le moyen de tracer sur ces diuers Tableaux irreguliers & courbes les fuyantes & les defront Perspectiues.

IE vous ay cy-deuant ébauché vn moyen de mener vne fuyante sur la surface courbe d'vne voûte comme en la Planche 19.

De mesme ie dis qu'ayant sur ma grande surface platte tracé ou coupé comme aux Planches 11 & 17 la fuyante Perspectiue, il n'y aura qu'à bien attacher ferme & bien bandée vne ficelle, ou telle autre chose qui ne soit suiette à se destendre du moins d'vn peu de temps, à deux points ou endroits, l'vn à celuy de veuë d'enhaut, & l'autre à vne des diuisions de la baze ou bas du Tableau; Puis transporter dessus les diuisions fuyantes cy-deuant faites sur ce lieu plat, & les y marquer auec de l'ancre ou autre telle chose sensible à la veuë; Et si l'on desire se seruir de la chandelle, d'vne lampe ou autre telle lumiere pour tracer cette fuyante & ces diuisions sur la voûte, il ne faudra qu'appliquer precisement ausdits endroits ainsi marquez d'ancre ou autrement, des boulettes de cire mole, ou bien deuant que tendre ladite ficelle, y enfiller vn pareil nombre de grains ou pates-nostres que vostredite Eschelle fuyante à de diuisions; Et lors qu'elle sera tenduë & que l'on y aura fait ou transporté dessus lesdites diuisions, on pourra arrester sur chacune, vne desdites patenostres.

Cela fait de l'vne ou de l'autre façon, vous presenterez la lumiere droit au lieu & place de l'œil du regardant, lors ladite ficelle ou filet, & ces boulettes ou grains marqueront par leur ombres sur ladite surface ou Tableau courbe ou autrement, leur veritable place Perspectiue: Ainsi vous deuez les remarquer sur ledit Tableau autant precisement que vous pourrez.

Les Planches 14, 15, 18 & 20, vous feront voir à l'Oeil la maniere de ce faire bien plus promptement & distinctement que ce qui en est dit icy.

La mesme chose se peut faire aussi sans lumiere par deux diuers moyens, en ostant les grains ou boulettes.

L'vn, en attachant fermement & precisement au lieu où estoit

eſtoit l'œil du regardant ou la chandelle ou lampe par la maniere cy-deuant, vne ficelle ou filet, lequel eſtant continué
droit iuſques à ce qu'il aille toucher la ſurface ou voûte, & en
meſme temps l'vn de ces endroits où eſtoient ces boulettes de
cire ou patenoſtres ſans que l'vn ny l'autre de ces filets ou ficelles perdent leurs lignes droites, & où ladite ficelle touchera
ladite voûte ſe ſera le point Perſpectif de cette fuyante.

Et faiſant la meſme choſe à toutes leſdites marques, d'ancre en touchant ainſi ladite ſurface voûte, vous y aurez marqué ces diuiſions fuyantes & ſa ligne ſur icelle.

Vous deuez ce me ſemble, conſiderer que j'ay eu quelque
raiſon d'oſter leſdits grains ou boulettes afin que la ficelle ou
filet ſoigniſt de plus prés ladite ficelle ou filet tendu, car par
ce moyen l'opperation en doit eſtre plus iuſte ou preciſe.

L'autre moyen pour executer la meſme choſe eſt que la ficelle ainſi tenduë & ces diuiſions fuyantes marquées deſſus &
meſme ſi l'on veut auſſi les grains ou boulettes de cire arre-
ſtées en leur lieu, il conuiendroit eſtre deux, l'vn ayant vn œil
placé au meſme endroit de celuy du regardant, ſçauoir en
mirant ou borneyant, afin de voir ſi celuy qui luy marque d'vne
baguette ou autre telle choſe en taſtonnant ſur la voûte, luy
montre l'endroit ſur lequel ſe doit rencontrer chacune de ces
diuiſions vis à vis de ſon Oeil.

Ainſi vous deuez bien juger que ſur vne voûte comme celle
repreſentée en la Planche 14 & ſemblable, Il n'eſt point de
beſoin de mener dauantage de fuyantes ainſi diuiſées, pour
tracer les lignes deffront paralelles à la Baze du Tableau, que
le nombre qu'il y a de ces diuiſions. Mais ce qu'il ſera beſoin
de faire encore eſt d'en mener vne fuyante ſans diuiſions, pour
apres jauger & tracer par le moyen de ces deux ſans toutes les autres, ainſi que cela eſt expliqué amplement en la Planche 15.

Or nottez que ce qui ſera dit & deſſigné aux Planches 20, 21,
22, & en leurs diſcours d'explication, ſuffira comme ie croy,
à vous faire entendre la maniere de tracer les defront ſur vne
ſurface concaue, conuexe; Bref ainſi que i'ay dit ſur vn rocher ſi beſoin eſtoit.

Par ainſi il ne reſte plus qu'à parler de l'application de cette
regle ſur les ſurfaces irregulieres eſleuées à plomb ſur le
niueau, ainſi que les murs ou ſurfaces qui font angle ſaillant
ou rentrant, & telles autres qui ont auant corps ou arriere

D

corps, autrement diuerses faillies ; Enfemble les courbées, ainfi que le renflé des tours & leur concaue ou creux : Car fur celles en talus, je ne trouue point raifonnable d'y peindre rien pour plufieurs raifons, & entr'autres celle-cy, que la poudre s'attache trop frequemment deffus & de telle forte, qu'en vn moment elle couuriroit & mangeroit la couleur & le trait de ce qui y feroit fait.

Neantmoins la neceffité le requerant, il faudroit eftre bien peu intelligent pour ne voir pas le moyen de faire la mefme chofe fur de telles Surfaces, apres auoir entendu celuy de ce faire fur toutes celles expliquées en ce Traité & en mon premier, aux Planches 42, 109 & 110.

Or pour cette forte de Surfaces ou Tableaux ainfi efleuez à plomb ou verticales, vous voyez bien qu'il ne faut point chercher ou affigner le point de veuë ailleurs que fur icelles ; De forte que voulant fur la quelconque d'elles y reprefenter vn Tableau plat & vertical à l'ordinaire, ainfi que les deux de la Planche 21. Vous n'aurez qu'à faire vn petit Tableau modelle comme cy-deuant, felon telle diftance & efleuation d'Oeil que vous defirerez prendre ou que le lieu vous obligera; & par exemple comme en ladite Planche 21 pour celuy d'en-haut & d'embas, la diftance O *f* & A O l'efleuation de l'Oeil, Cela eftant & fon petit-pied ou treillis geometral fait deffus, ainfi qu'il a efté dit; Lefdites Planches 19, 20, 21, vous donneront l'intelligence de faire auffi vn treillis fur lefdites furfaces verticales irregulieres, afin de mettre fur chacun proportionnellement du petit au grand, les mefmes figures qui feront faites fur le petit Tableau modelle, treillis pour treillis, ou carreau pour carreau, & place pour place.

CHAPITRE IX.

Explication en gros des obligations que l'on peut auoir de fortifier & affoiblir les Couleurs des Objets, fuiuant les lieux où elles fe rencontreront fur ces Surfaces defront, fuyantes ou tournantes plus ou moins.

Q Vand le lieu où l'on defire reprefenter ces Objets eft également efclairé de quelques feneftres, on a cét auantage

qu'il ne faut affoiblir ladite couleur qu'és parties de la surface, lesquelles s'auancent vers l'œil du regardant , & affoiblir
celle des Objets qui s'en esloignent , afin de la pouuoir rendre
égale selon les diuerses coupes, verticales, paralelles au plan
du Tableau modelle : Mais quand vne partie est ombrée &
l'autre éclairée ; Il conuient d'abord se souuenir de mettre
proportionnellement la Couleur plus claire ou pour mieux
dire plus forte & visue à l'endroit de cette partie Ombrée, &
affoiblir celle qui est éclairée , afin que voulant faire vn Tableau où les Objets paroissent ou non estre sur cette surface ,
l'on y fasse par ce moyen perdre à l'Oeil la sensation de cét
ombre ou ombrage.

Si vous auiez à representer sur vn petit Tableau plat-modelle
ainsi que i'ay dit, des bas reliefs, rondes bosses , ou autres telles choses suiuant vne distance & esleuation d'Oeil determinée;
Vous sçauez bien que vous auriez égard de quel costé la lumiere doit donner sus iceux soit à plomb, par dessus, par dessous, à costé , & souuent de diuers endroits en mesme temps,
& le tout suiuant la volonté & les lumieres qui viennent des
ouuertures telles qu'elles peuuent estre situées pour éclairer
le lieu où vous auez à faire de tels ouurages.

Quand vne chandelle ou tel autre petit luminaire ou plusieurs éclaire ou illumine vn Objet , on ne le considere que
comme vn point lumineux , duquel les ombres s'eslargissent
en s'esloignant dudit Objet.

Lors que l'on veut faire vne telle representation d'Objets
par l'illumination du Soleil ou de la Lune , à cause de leur ex-
cessiue distance à la surface de la terre, l'Oeil voit l'ombre
desdits Objets paralels entr'eux , si lesdits Objets sont aussi
paralels, c'est à dire , de leur mesme largeur.

Quand le Soleil ne nous fait point paraistre distinctement
ses rayons, & par ainsi qu'il ne se voit point d'ombre ou d'ombrages sur ces Objets, sinon dans les lieux creux ou concaui-
tez d'iceux ou cette lumiere diffuse ne peut entrer ou foüiller,
l'on ne peut faire la representation de leur couleur ny exprimer
leurs fuyants & tournants à comparaison des parties veuës de
front les vnes des autres, que par cette raison ou regle de les
fortifier & affoiblir suiuant leur place.

De plus , il faut demeurer d'accord que plus les rayons de
l'Oeil du regardant vont donner à plomb sur ces surfaces ou

Tableaux, d'autant plus ledit Oeil reçoit il la senfation de leurs couleurs plus forte & diftincte. Et auffi que tant plus ces rayons glifferont fur icelles, ledit Oeil receura la fenfation de leurfdites couleurs tant moins diftinctement.

Mais lors qu'il s'agit de faire en forte qu'vne telle partie de Surface ou d'Objet où le rayon de l'Oeil gliffe ainfi, ou qu'il fe prefente moins de front deuant luy, luy faffe vne pareille fenfation qu'vne de front ; vous jugez bien qu'il faut affoiblir la couleur de cette de front, & fortifier celle de la fuyante, gliffante, ou tournante, plus ou moins felon qu'elles fuyent & tournent auffi plus ou moins.

Or comme il eft abfolument neceffaire d'auoir égard à ces particularitez pour l'execution de ces Tableaux irreguliers fi l'on veut bien faire & contenter les yeux delicats & clairsvoyans ; I'ay trouué à propos de faire voir que l'affoibliffement de ces chofes eftant bien entenduës, & par confequent bien executées fur chacun des petits Tableaux modelles, ainfi qu'il eft amplement expliqué dans mon premier Traité, ou comme en celuy-cy, la difficulté ne fera pas grande de l'executer ainfi proportionnellement fur fefdites Surfaces ou Tableaux irreguliers, apres ce que j'en vay dire en fuite & fur les Planches 6, 24, 25, 26, & 27.

Vous deuez donc auoir veu ou pourrez voir dans mon premier Liure & dans celuy-cy, quand il s'agit de reprefenter en Perfpectiue fur vn Tableau plat & vertical, tels Objets vifibles de la nature que defirez, vous y auez fait auant toutes chofes les Efchelles de front & fuyantes Perfpectiues, & au befoin par le moyen d'icelles vn treillis Perfpectif, & fur iceluy determiné & placé l'affiette ou plan defdits Objets, puis par le moyen des Efchelles de front fait leurs efleuations Perfpectiues & de front : Enfemble trouué la place de leurs jours, ombres & ombragés. Et finalement fceu par la proportion de la diminution defdites de front à comparaifon de leur fondamentale ou baze du Tableau, de combien vne couleur claire ou brune de front doit eftre effoiblie, pour faire en forte que l'Oeil en reçoiue la mefme fenfation ou vifion qu'il feroit en voyant ces mefmes Objets naturels ; Et pour les Objets tournants & fuyants, on aura égard à leur differente obliquité, comme il fera expliqué au XI. Chapitre, & és Planches 24, 25, 26, 27, de ce Traité.

Ayant donc ainfi trouué toutes ces chofes fur vn petit Tableau modelle, de mefme lors que vous aurez fait voftre treillis Perfpectif fur les Surfaces ou Tableaux plats-fonds, inclinez & en voûtes d'vn pareil nombre de carreaux qu'en a voftre petit Tableau modelle; Quand il fera queftion de colorer lefdits objets que vous auec deffeignez deffus, vous aurez égard à la fcituation des deux furfaces, fçauoir du Tableau modelle eftant imaginé en fa place, & de voftre furface irreguliere, car faudra diminuer & affoiblir les forces des Objets que l'on veut colorer fur les parties de cette furface irreguliere qui font plus proches de l'Oeil, & fur celles qui fe prefentent à luy plus de front, que les parties correfpondantes au Tableau modelle; Au contraire il fera neceffaire de fortifier les Objets qui font en des parties plus efloignées, & celles qui font plus obliques.

Mais à caufe des diuerfes inclinations, biaifemens & irregularitez de Tableaux, il eft comme impoffible de donner aux Praticiens vne regle facile & precife, pour l'application perfpectiue defdites couleurs fur iceux, fans fe feruir de l'Oeil pour juger aux diuerfes rencontres, fi ce que l'on pratique fuiuant lefdites regles luy fait le mefme effet du petit modelle; il faut fe contenter du poffible, & tenir pour certain que fçachant bien colorer ledit petit Tableau modelle, par les regles expliquées dans mon premier Liure & dans cetuy-cy, notamment dans le XI. Chapitre, lors qu'il conuiendra reprefenter ces mefmes chofes fur des furfaces irregulieres, inclinées & de biais, il ne faudra auoir égard ainfi que j'ay dit qu'à fortifier ou affoiblir à l'occafion les parties de front, fuyantes & tournantes, en forte qu'elles viennent à faire l'effet du Tableau.

Or ce qui fera dit audit Chapitre XI. & aux Planches, 14, 25, 26, & 27, pourra donner beaucoup d'intelligence pour ce fujet, fur tout aux intelligens.

CHAPITRE X.

Touchant vne des principales erreurs que diuerfes perfonnes ont fur la pratique de la Perfpectiue.

IL y en a qui ont dit & écrit, qu'ayant à reprefenter fur vn Tableau plat & vertical des Figures humaines efleuées à

plomb les vnes fur les autres paralellement au plan dudit Tableau, qu'il faut diminuer la hauteur de celles qui font efleuées
haut & que pour celles qui ne fe font que de trois ou quatre
pieds, la diminution en eft imperceptible; Et pour cét effet
ils ont pretendu donner vne regle pour faire cette diminution
de hauteur.

Mais ceux qui ont vn peu de Geomeftrie, fçauent que la diminution fe fait proportionnellement de l'Oeil au Tableau
comme elle fe faifoit de l'Oeil au fujet ou objet, fuppofant le
Tableau entre ledit Oeil & le fujet. C'eft pourquoy je me contenteray de cét aduertiffement fans m'y arrefter dauantage,
& de ce qui en eft dit & expliqué és Planches 25, & 28.

Quant à ceux qui donnent vn grand nombre d'exemples
pour expliquer vne pratique pour laquelle il fuffit fouuent
d'vne feule, je trouue qu'ils ne font pas ce qu'ils doiuent, &
bien moins encore quand en voulant par ce moyen auoir def-
fein de la faire entendre par le menu ou en détail, qu'ils laiffent
en arriere le principal ou fonds de ladite pratique.

Et quoy qu'ils ayent fait plufieurs Volumes fur ce fujet, s'ils
n'y ont donné le moyen de franchir à l'occafion la plus grande
difficulté qui fe puiffe rencontrer dans ladite pratique, ils
laifferont toufiours le Praticien dans vn embarras, & crainte
de ne fe pouuoir d'émeler de ces chofes, foit pour les pratiquer, ou bien lors qu'il s'agira de s'en entretenir en public ou
en particulier.

I'eftime que pour bien donner à entendre cette pratique de
perfpectiue, il faut en traiter dés fon origine, & ne laiffer paffer aucune partie d'icelle fans l'auoir bien expliquée, puis
qu'autant bien qu'on la puiffe faire lors qu'il s'agift d'apren-
dre par Liure; Il y a toufiours affez de difficulté pour plufieurs
Praticiens.

Ceux qui ne conceuront pas ainfi que i'ay dit, que les pratiques du Geometral & du Perfpectif, ne font que deux efpeces
d'vn mefme genre, & non deux genres diuers, & que la pratique de l'vn eft la mefme que de l'autre, tout ce qu'ils diront
& écriront fur ce fujet fera toufiours tres-difficile à retenir & à
pratiquer fuiuant les diuers cas & rencontres; Et ce fera mer-
ueille s'ils ne paffent fous filence le moyen de reprefenter les
plus belles & neceffaires parties de cét Art.

CHAPITRE XI.

Sur ce que la plus grande partie des Professeurs en l'Art de la Peinture, mesme des excellents en peignant apres le naturel varient la prunelle de leurs yeux en le regardant, & par ainsi font sur leur Tableau sans y penser, vne infinité de points principaux ou directs, bien qu'ils croyent n'y en auoir estably qu'vn, ce qui fait à mon aduis que l'Oeil ne reçoit pas de leursdits ouurages assez de sensation de rondeur autrement de relief.

Cette matiere n'ayant pas esté assez expliquée en particulier pour d'aucunes personnes en mon premier Traité, j'ay trouué à propos d'en faire icy vn petit discours, & les quatre Planches 24, 25, 26, & 27 : Car audit Traité suiuant l'auis de M. *Desargues*, j'ay dit en gros en parlant de la raison du fort & foible des touches, teinctes ou couleurs ; qu'afin que les choses fuyantes & sur tout les tournantes, que l'on desire representer sur les Tableaux, fissent à l'Oeil la sensation d'estre telles ainsi que leurs originaux naturels & de relief, il en falloit forcer l'affoiblissement, & que cét affoiblissement equipoloit à vn grand lointain. Mais je croy que ces deux ou trois mots ne sont peut-estre pas si bien entendus qu'il seroit de besoin, puis que la pluspart des beaux ouurages de Peinture que j'ay veu & voy encore tous les jours, sur tout de ceux qui font profession de peindre à veuë d'Oeil d'apres le naturel, ne me font pas à l'Oeil sur cette circonstance, l'effet de fuyant & de tournant, en vn mot de rondeur qu'ils feroient s'ils estoient touchez de ce qui sera dit cy-apres.

Quant à moy je croy que ce deffaut vient de ce qu'en copiant de la sorte le naturel, ils ne prennent pas garde ainsi que j'ay dit, qu'ils joüent à tous momens de la prunelle pour voir plus distinctement la couleur de leur objet; & par ce moyen ils font en sorte que la plus grande part des parties fuyantes &

tournantes dudit Objet , la couleur s'en prefente de front à leurs yeux ; Ou fi mieux vous aymez que tournant ainfi la prunelle à droit, à gauche, d'enhaut & d'embas ou autrement , le rayon qui part du centre de l'Oeil peut rencontrer de front plufieurs defdites parties tournantes & fuyantes colorées , & de telle forte qu'elles luy feront ou peu s'en faudra, mefme fenfation de force & couleur les vnes que les autres ; Et par ainfi faifant de tels deftrempemens ou alliages de couleurs , pour les appliquer comme cela fur vne furface ou Tableau plat ; Il atriuera qu'au lieu qu'ils ont intention que ce qu'ils reprefenteront fur iceluy leur faffe à l'Oeil fenfation d'vne chofe de relief, ainfi que leur Original naturel , au contraire elle luy fera fenfation d'vne chofe à platie. Et n'eftoit bien fouuent que la forme du fujet ou objet eft exprimée par les traits ou contours qui vous reprefentent en quelque forte les efloignemens fuyants & tournans d'iceux , vous ne les y reconnoiftreriez pas par la fenfation de la couleur.

Par confequent , il faut faire cette reflexion que puis qu'en variant ainfi la prunelle de l'Oeil, on voit la couleur des diuerfes parties de l'objet que l'on regarde plus diftinctement, que fi on ne la varioit point ; Et à caufe que cette variation eft vne longue habitude difficile à corriger ; Il s'enfuit que l'on la doit tenir fufpecte & ainfi en trauaillant eftre fur la defiance, afin de faire ou reprefenter fur fon Tableau les parties des objets plus affoiblies par proportion de leurs differentes coupes foit de front , fuyantes & tournantes, que ledit Oeil ne les voit, en y jettant de la forte ledit rayon direct plus ou moins obliquement ou de biais : car autrement d'vn fujet naturel que l'on defireroit copier, la copie ne vous feroit jamais à l'Oeil la mefme vifion ou fenfation de voftre original naturel. Le peu que j'ay dit fur cette particularité , & ce que j'en diray & expliqueray fur lefdites trois ou quatre Planches doit fuffire pour le prefent.

CHAP.

CHAPITRE XII.

Touchant les diuers meslanges de couleurs des Objets espandus, dispersez & meslez parmy les airs qui les enuironnent: Ensemble le moyen de les y affoiblir ou fortifier auec raison, pour rendre à l'Oeil la mesme sensation & vnion du naturel.

M'Estant obligé de donner à entendre d'vne autre façon que dans mon premier Traité, la cause du meslange & de l'affoiblissement de la couleur des objets que l'on veut representer sur vn Tableau, qui est ce qui fait vne grande partie de ce que l'on entend par le mot d'vnion de colory.

Ie vous diray puis que l'occasion le requiert ; Qu'ayant à faire la representation de tels objets qu'il vous plaira, dans ou sur vn Tableau, plat ou non, soit en iour de chambre, peu ou beaucoup éclairée, d'vn iour de campagne clair & net, & d'vn sombre ou nebuleux: bref d'vne nuit plus ou moins obscure, sans flambeau & auec flambeau, plus ou moins ou tels autres lumieres ou feux grands ou petits.

Il est tres-necessaire de remarquer que nous & plusieurs autres objets visibles, sommes enuironnez de differents airs, plus ou moins clairs ou tenebreux, ainsi que les poissons & autres objets le sont dans les eaux plus ou moins claires ou troubles, lesquels ont aussi la surface de la terre sous eux au fond de l'eau, ainsi que nous & nos autres objets.

Et de mesme aussi que nous pouuons supposer la superficie de l'eau estre le Tableau sur lequel nous conceuons voir desseignez & coulorez, les objets tels qu'ils sont scituez dedans, au fond, ou derriere icelle.

Tout de mesme nous pouuons supposer vne surface platte d'air, & conceuoir les objets au de là d'icelle, enclos & enuironnez de cette grande espaisseur d'air, & nommer cette surface d'air Tableau.

Vous prendez garde s'il vous plaist, que ie suppose que l'on ne conçoiue plus y auoir d'air entre l'Oeil & lesdites surfaces d'eau & d'air, autrement donnant de l'air entre ledit

E

Oeil & la furface ou Tableau d'air, il auroit fallu fuppofer eftre dans l'eau, afin d'auoir auffi de l'eau entre noftre Oeil & ladite furface ou Tableau d'eau.

Or cela entendu pour acheuer noftre comparaifon, difons que l'eau eftant bien claire, pure, nette & calme, & que les poiffons ou autres objets qui y font plus ou moins proches de fa fuperficie ou Tableau, l'Oeil du regardant en aura la fenfation plus ou moins nette & diftinéte tant de leur trait ou forme que de leur couleur.

Pareillement ces corps ou objets, plus ou moins proches ou efloignez de la fuperficie platte ou Tableau d'vn air clair, pur, net & non agité, l'Oeil dudit regardant en aura la fenfation plus ou moins nette & diftinéte.

Et finalement on peut dire de plus que d'autant que ladite eau fera profonde, trouble & agitée, d'autant moins tous ces objets apparoiftront-ils à l'Oeil diftinéts en leur forme & en leur couleur, & qu'ils participeront outre leurs couleurs naturelles de celle de l'eau, qui les enuelope & enchaffe du jour qui les éclaire, & de la voûte du Ciel & autres corps qui les enuironnent ou enclofent, & mefme des reflexions & refraétions qui leur arriuent entr'eux, à l'occafion de toutes ces chofes.

Ainfi peut-on dire que les objets faits fur les Tableaux dont eft queftion, tant plus il y aura d'efpaiffeur d'air nebuleux, noir, agité, & meflé des diuerfes vapeurs & reflexions des corps ou fujets, des lumieres & finalement de la voûte du Ciel qui les enuelope, l'Oeil aura la fenfation de toutes ces chofes plus ou moins diftinétes.

Si l'air eftoit également plein de vapeurs, pouffieres ou autres corps, qui empefchent le paffage d'vne partie de la lumiere & de la vifion iufqu'aux objets, la perte ou diminution fur des objets inégalement efloignez en feroit proportionnée à leurs diftances, par exemple, celuy qui feroit trois fois plus efloigné perdroit trois fois autant que celuy qui feroit dans la premiere diftance.

Mais comme l'air eft toufiours inégalement remply de ces vapeurs & autres corps, je ne comprendray pas cette caufe d'affoibliffement de la lumiere & de la vifion entre les effentielles, qui font la diftance & l'obliquité, dont j'ay defia dit quelque chofe, referuant le refte pour les Planches 25, 26, & 27.

CHAPITRE XIII.

*Legere Esbauche d'vn moyen de conduire auec
certitude, les traits ou hacheures qui expriment
à l'Oeil la sensation de relief des objets, representez és impressions ou stampes de Taille douce
soit par vne seule ou par plusieurs hacheures
qui se croisent les vnes & les autres, que nous
nommons communement contre-hacheures.*

IL ne paroist point jusques à present par les Oeuures de ceux
qui ont pratiqué ou professé l'Art de la Grauure en Taille-
douce & en bois, qu'ils ayent eu la pensée de placer lesdits
traits ou hacheures sur les objets qu'ils ont voulu representer
de la maniere qu'il sera expliqué en gros dans ce Discours, &
par la derniere Planche de ce Liure.

Et de cela je m'en rapporte aux excellents Praticiens d'apre-
sent, & aussi aux connoissans amateurs ou curieux des Oeuures de cét Art, qui ne sont point d'humeur pointilleuse, les
priant tous de croire que je ne pretends en aucune façon ter-
nir la memoire de ces excellens Praticiens, au contraire ie la
reuere & reuereray Dieu aydant jusques au tombeau : & croy
que ce n'est pas les offenser de tascher à perfectionner s'il y a
moyen, la pratique de cét Art, puis que plusieurs d'entr'eux y
ont contribué.

Ceux de cette Profession sçauent que le principal but d'vn
Graueur qui veut copier en grauure vn dessein ou vn Tableau
composé d'vn ou de plusieurs objets faits de son inuention ou
de celle d'vn autre, est de le rendre bien correct en son trait ou
contour, & en ses autres particularitez, comme en la place des
jours & ombres, sur les parties de front, fuyantes & tournantes:
Ensemble leurs touches de force & foiblesse, en sorte qu'elles
expriment bien leur relief.

Or comme il est naturel de suiure l'exemple d'autruy &
principalement lors qu'il nous plaist, plusieurs Graueurs ont
fait & font le semblable, en prenant la maniere de conduire
lesdites hacheures suiuant celle des anciens ou modernes, la-

quelle leur agrée, soit par vne seule taille ou hacheure ou par plusieurs, auec des points ou sans points, ou le tout par des points, principalement les nuditez ; Et n'ont pas le soin de considerer ou trouuer vne conduite reglée pour placer lesdites hacheures, de sorte que de chacune en particulier l'on puisse sçauoir où elles doiuent s'aller rencontrer sans se confondre ou s'embarasser dans les autres, & de plus tenir entr'elles leurs places perspectiues sur les objets où elles sont appliquées.

C'est ce qui m'oblige à declarer icy l'ordre que i'estime que l'on y peut tenir : toutefois ie le diray en gros puis que cette matiere demanderoit bien vn ample Traité ou Volume, pour estre expliquée en toutes ces circonstances.

Ie croy que si les nuditez des corps naturels estoient aussi bien formées de traits ou fils, que les caneuas, toilles, draps & autres telles estoffes, l'on ne seroit pas iusques à present à trouuer cét ordre.

Chacun sçait qu'encore qu'à de telles estoffes ou draperies, on face faire des plis tels que l'on desirera, cela ne fera pas changer de place aux fils qui les ont tissuës ; Et qu'vne personne tant soit peu intelligente au Dessein, pourra bien en dessei-gnant de semblables draperies, marquer sur ce qu'il en dessei-gnera le rang que tiennent lesdits fils sur ces diuers plis, & le tout suiuant le point de veuë & la distance qu'il aura prise pour ce faire.

Nul ne peut aussi douter que la mesme chose se pourroit fai-re en desseignant d'apres vne teste humaine & figure nuë, ou tel autre corps, s'il estoit ainsi que j'ay dit formé de ces traits ou fils, encore bien qu'il fist diuers mouuemens.

Mais d'autant que telles nuditez & autres corps, ne sont pas ainsi formez de traits ou fils, & qu'ils n'ont en eux que les che-ueux, poils & laines qui donnent d'eux mesmes la maniere de les executer ainsi en graueure, il faut trouuer vn moyen si faire ce peut, pour bien imaginer de semblables traits sur ces corps humains, ou tels autres faits de diuers metaux & mine-raux : Et remarquer que la pluspart desdits corps ou objets, ont des parties qui se doiuent distinguer d'auec la masse d'i-ceux, ainsi comme j'ay dit, les cheueux & poils des figures hu-maines, puis la prunelle des yeux, les dents, les ongles ; afin qu'alors que l'on voudra conceuoir ou marquer de telles lignes

ou hacheures fur ces maffes de corps , on en puiffe imaginer
auffi d'autres fur ces petites parties. Or pour bien ayder l'imagination & l'œil à voir l'execution de ces chofes, je reciteray
icy ingenuëment comme la penfée m'en eft venuë

Il y a quelque mois que le Sieur Nanteüil cy-deuant nommé,
& conneu à prefent de diuerfes perfonnes , pour vn des excellens en cette profeffion de Graueure, & notamment pour les
pourtraits, de la plufpart defquels il fait les crayons apres nature tres-excellemment executez & reffemblans, me vint voir
pour conferer de quelques hacheures qu'il defiroit grauer. Or en ce fujet luy & moy
ne cherchions fur l'heure pour ce faire rien, que fuiuant l'idée
& refouuenir des autres beaux Ouurages de telle nature ; Mais
à l'inftant la penfée me vint de la raifon des coupes en la perfpectiue, tant de celles paralelles au Tableau, que des ombres
ou ombrages que font les diuers corps les vns fur les autres
expofez au Soleil ; Enfemble de la maniere icy expliquée de
tracer par le moyen de la chandelle & filets , des lignes fur diuerfes furfaces : Ce qui nous donna lieu de tracer auec du
crayon fur vne tefte de plaftre , des lignes paralelles entr'elles,
fuiuant vne coupe ou plan determiné : Et dauantage à moy
pour plus facilement voir ces chofes, de conceuoir des lignes
ou ombres d'icelles , tracées fur vne telle tefte expofée au Soleil, en interpofant entr'elle, & iceluy comme vne forme de
raquette treilliffée de fils ou cordes ; en forte & de telle pofition qu'elles fiffent leurs ombres ou ombrages fur ladite tefte
d'vn fens conuenable & agreable pour icelle , & auffi pour l'e-
xecution ; car il fe rencontreroit des corps où la beauté de ces
ombres ne fe trouueroit point à l'œil, pareille en vne forte de
coupe ou pofition qu'elle feroit en vne autre.

Mais comme vne Figure eft bien plus propre à faire conceuoir ces particularitez qu'vn Difcours ; La Planche 31, cy-
deuant citée, vous acheuera le refte. Seulement vous diray-
je , qu'il arriue vne chofe par le moyen de ces ombres, c'eft
que lefdites ficelles, cordes ou filets , ne marquent diftinctement leurfdites ombres que fur les parties éclairées de l'objet
fur quoy elles vont, & qu'elles fe perdent dans les grandes
ombres qui font fur ledit objet.

Donc le refultat en gros de tout cela, en attendant vne plus

ample explication pour tous les diuers corps, tant en particulier qu'en general si Dieu me le permet, est de vous auertir, qu'encore que l'on conçoiue vne telle teste ou figure
coupée par des plans parelels entr'eux, les lignes qui se mar-
queroient sur icelles ne paroistroient pas paralelles entr'elles,
à cause des irregularitez de ladite teste; mais il ne faut pas lais-
ser pour cela de les conceuoir telles qu'elles se feroient sur
vn corps regulier, comme vne boule sur laquelle de telles
coupes paralelles entr'elles estant faites, les lignes qu'elles feroient sur la superficie de ladite boule seroient pareillement paralelles entr'elles; Et c'est ce qui nous arresta en quelque sorte
& qui retrancha vne partie de nostre joye: Neantmoins depuis
nous nous sommes confirmez, tant par ce que nous auons
de theorie, que par les experiences de la pratique, que cette
pensée peut donner de grandes lumieres à vn praticien de cét
Art, pour ladite conduite de ces hacheures en les determinant
& imaginant ainsi geometralement sur le relief ou naturel;
puis les conceuoir & tracer sur la Planche perspectiuement ou
sur telle autre surface platte où vous desirez executer de telles
choses, comme par le moyen de la plume ou du crayon.

Mais ce qui nous toucha le plus à la veuë de telles lignes,
ainsi paralellement tracées sur cette teste, fut la consideration
de leur perspectiue, d'autant que celles qui estoient sur les
parties plus ou moins tournantes, nous apparoissoient à l'œil
plus ou moins pressées; ce qui faisoit vn tout autre effet de
rondeur que les ouurages qui ne sont pas executez de la sorte:
Et à vray dire, je croy que c'est le vray moyen d'exprimer ainsi
par hacheure ou traits le relief desdits objets que l'on veut representer par cét Art de Graueure. Et dauantage le plus court
chemin & la maniere plus expeditiue pour bien faire.

Ie me suis douté & plusieurs auec moy, à qui j'ay communi-
qué mes pensées sur ce sujet, qu'il se pourroit rencontrer des
esprits, quoy que mal fondez, qui diront à la volée que plusieurs Graueurs, anciens & modernes, ont executé de telles
choses, d'autant qu'il ne se peut pas que d'vn grand nombre
destampes qui se voyent il ne s'y en trouue, ou sur quelques endroits d'icelles il y ait quelque chose de semblable: Mais je
leur soustiendray qu'ils ne me sçauroient seulement montrer
vne teste, où telles hacheures soient conduites d'vn bout à au-

tre de la forte que je l'explique icy, & comme ledit Nanteüil l'execute à prefent.

Et mefme quand cela feroit auffi vray qui ne l'eft pas, toufiours ferois-je le premier qui auroit commencé d'en donner au public la pratique.

Mais comme j'ay dit, de tout le different qui pourroit naiftre fur cecy je m'en raporte à la verité & aux Sçauans en cét Art, & en celuy de la Pourtraiture, qui font d'humeur à diftinguer charitablement le vray d'auec fon contraire.

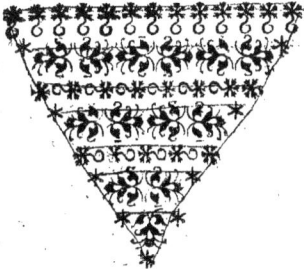

EXPLICATION
PAR
FIGVRES ET PAR
DISCOVRS,

DES

CHOSES CI DEVANT

DITES

PAR

A. BOSSE Grauuer en
Taille douce

AVEC

PRIVILEGE DV ROY
MDC. LIII.

Pour les Tableaux plats,
Verticaux et Horizontaux

Pour les Inclinez et en plays fonds

Pour les Verticaux du Bauz

CEtte Planche eſt diuiſée en trois parties, ſur leſquelles ſont
repreſentées les poſitions ou ſcituations de ſix Tableaux
plats. Dans la premiere en haut vous y voyez celuy A nommé Vertical. Et les deux B C nommez horizontaux, l'vn comme B veu de bas en haut, & celuy C de haut en bas, Par l'Oeil O.

Dans la figure ou partie du milieu, vous y auez de meſme
vn Tableau plat incliné D, & vn en plat fonds E, leſquels ſi
l'on veut feront à l'Oeil du regardant O, la ſenſation ou viſion
de verticaux comme celuy A.

Puis en la partie d'embas eſt repteſenté vn mur ou Tableau
vertical F, placé de biais à l'égard du regardant O, lequel ſi on
le deſire auſſi, pareſtra à l'Oeil de front ainſi que le treillis ou
carelage eſleué *a b c d* duquel la ligne ou cote *b d* eſt jointe paralellement au coſté dudit Tableau F.

Ce qui ſe doit bien remarquer de ces ſix ſortes de Tableaux
pour tracer deſſus les eſchelles de front & fuyantes & tels objets
que l'on voudra, eſt que par noſtre maniere, & ſelon telle diſtance & eſleuation d'Oeil propoſée ou donnée, cela ſe peut
faire facilement & promptement ſur les trois d'en haut A B C,
ſans qu'il ſoit beſoin de faire vn petit Tableau modelle, &
qu'il n'y a aucune difference en la pratique d'en faire vn vertical ou vn horizontal veu de bas en haut ou de haut en bas,
ainſi que cela ſe peut voir dans mon premier Liure & en celuy-
cy aux deux Planches 22, & 23.

Et encore que par noſtre dite maniere l'on peût faire la meſme choſe ſur les trois derniers Tableaux, neantmoins à cauſe
qu'il faudroit comme j'ay dit ſouuent, ſçauoir vn peu plus de
Geometrie pratique que la pluſpart des Peintres, j'ay creû que
pour ces Tableaux plats & les ſuiuans courbes & irreguliers; Il
ſeroit à propos d'en faciliter la maniere par l'ayde d'vn petit
Tableau modelle, & d'autant plus que cela ſe fera plus promptement, & auſſi iuſte qu'autrement.

Souuenez-vous donc que pour faire quoy que ce ſoit ſur les
Tableaux plats, verticaux & horizontaux, il n'eſt point neceſſaire d'auoir de Tableau modelle, mais bien pour ces inclinez de biais & courbes, comme il ſera dit en la Planche qui
ſuit.

F

VOus voyez reprefenté en perfpectiue au haut de cette Planche vne forme de falle ou gallerie en voûte, fur laquelle il y a le partagement de trois Tableaux **A B C**.

Pour celuy A je fuppofe qu'on defire qu'il apparoiffe à l'Oeil du regardant *a o* vertical ou à plomb pofé fur fon pied droict ou cofté F de ladite galerie, ainfi que la ligne pointée à plomb F G.

Or par les Planches qui fuiuent vous fçaurez à quoy doiuent feruir les lignes occultes ou pointées qui vont des diuifions de ladite pointée à plomb F G à l'œil O, couper celle *c f* & que la pointée *o s* F doit eftre la diftance pour faire le Tableau modelle, & femblablement O *f* la diftance pour faire le treillis perfpectif fur le Tableau voûté A.

Le Tableau B eftant deftiné pour paroiftre à l'Oeil du regardant plat & horizontal, il oblige à faire vn petit Tableau modelle fuiuant la diftance *f* B & pofition d'Oeil B, & bien que ce treillis de feize carrez luy foit appofé, ce n'eft que pour donner à entendre qu'ayant fait fur le Tableau modelle les objets tels que l'on voudroit qu'ils apparuffent à l'Oeil fur ladite voûte ou Tableau horizontal B, & en fuite vn mefme nombre de petits treillis ou carrez, qu'ayant tendu des filets ou ficelles pour faire vn tel autre treillis de 16. carrez fur ladite voûte comme il fera plus amplement expliqué cy-apres, puis en fuite mis vne chandelle au point *f* Oeil du regardant *t f*. Ces filets ou ficelles feront par leurs ombres vn treillis perfpectif, ainfi que le pourrez plus facilement voir au bas de cette Planche fur la voûte M.

Pour le Tableau C, je fuppofe qu'ayant pofé le regardant *a a* au lieu de la pointée F I, fe feroit la mefme chofe.

Vous remarquerez auffi que fi on vouloit faire la reprefentation d'vn Tableau horizontal fur vne voûte irreguliere, & pour exemple fur vne de Cloiftre on en arrefte comme en bas à voftre droicte au lieu N, ce fera toute la mefme chofe, & qu'il faudra ainfi faire vn Tableau modelle horizontal fuiuant fa diftance.

Vous allez voir en la Planche qui fuit comme il n'y a aucune difference de tracer les efchelles de front & fuyantes perfpectiues, & par confequent vn treillis fur vn Tableau plat, horizontal ou en plat fonds, que fur vn vertical.

Pour les Tableaux en Voute Horizontaux ou autres.

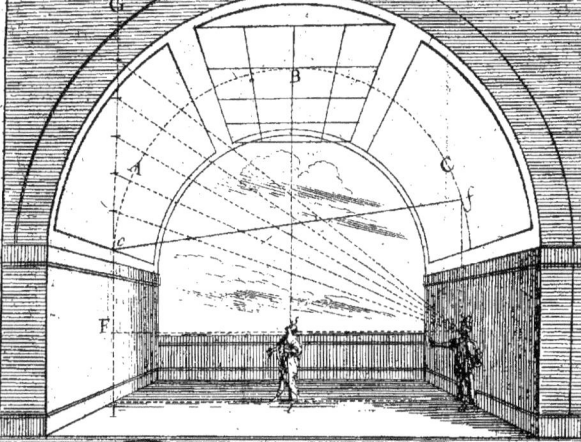

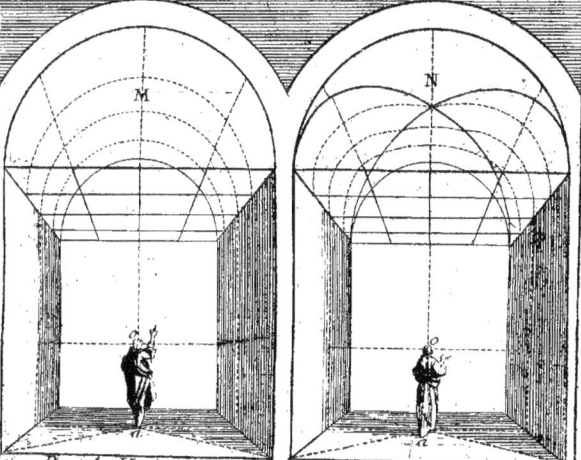

Pour les Horizontaux.   Pour les Horizontaux.

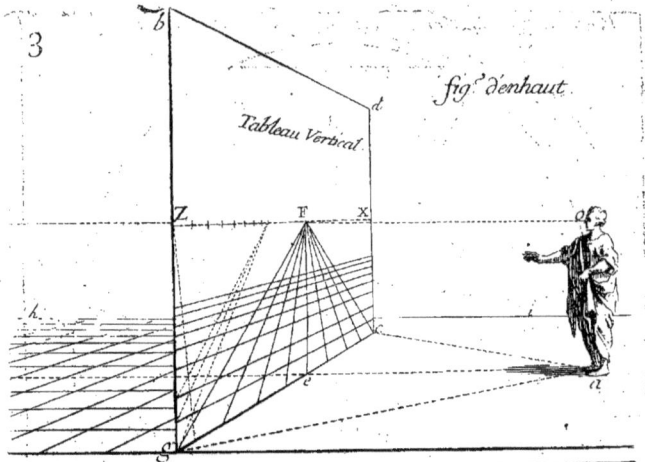

3

fig.ᵉ d'enhaut.

Tableau Vertical.

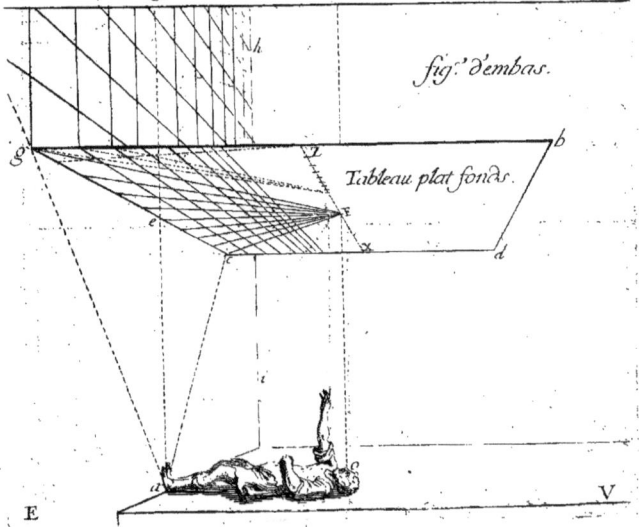

fig.ᵉ d'embas.

Tableau plat fonds.

E

V

PLANCHE 3.

L'Exemple d'en haut de cette Planche, vous represente vn Tableau plat vertical ou posé à plomb sur le plan d'assiette *a g h i*, que *a o* est l'esseuation de l'Oeil sur iceluy aussi à plomb; Que *o* F est la distance & F le point de veuë; Et finalement que *g h* est le plan d'assiette carelé derriere ledit Tableau *g d b c*.

De mesme en la figure d'embas, *g d c b* est le Tableau, O la place ou position de l'Oeil, F le point de veuë sur iceluy & O F, la distance dudit Oeil O à ce Tableau, & toute la difference qu'il y a entre ces deux Tableaux n'est qu'en la position, & qu'au lieu qu'en haut le regardant *a o* est debout, embas il est couché, & si vous tournez ce Liure de sorte que la ligne E *g h 3* soit le bas de cette Planche comme est à present celle E V, vous verrez d'autant plus à clair cette verité.

Donc puis qu'il ne s'agist icy que de sçauoir faire vn treillis ou carrelage perspectif sur diuerses surfaces ou Tableaux plats ou courbes : Ie dis que pour en venir à bout sur ceux qui sont plats de quelques scituations ou positions qu'ils soient, le point de veuë se trouuant sur iceux; lesdits treillis se pourront tracer à la reigle ou au filet, ainsi que les Tableaux verticaux plats comme vous verrez.

Considerez donc que j'ay entendu que le Tableau *g c d b* figure d'embas est placé comme vn horizontal ou en plat-fonds; Toutefois je ne pretends pas pour tracer le treillis ou carrelage representé au plan d'assiette carelé *g h*, qu'il y ait sur ledit plan ou carrelage aucun objet esleué ainsi que vous en pourrez descouurir la raison cy-apres à moins que vous ne l'ayez fait dés à present.

En la Planche qui suit vous allez voir vn moyen de tracer sur deux Tableaux verticaux l'vn sur l'autre, les treillis perspectifs & tels objets que l'on desirera.

PLANCHE 4.

VOus voyez en cette Planche comme à voſtre gauche la repreſentation de deux Tableaux plats & verticaux ou à
plomb l'vn ſur l'autre F A , & ſur iceux les meſmes treillis &
objets deſſeignez perſpectifs ſelon vne meſme diſtance F Q ou
ſcituation d'Oeil O.

Or ce qu'il peut y auoir de difference de l'vn à l'autre, eſt
qu'au Tableau de deſſous, le point de veuë F ſe trouue dedans,
& par conſequent hors de celuy d'en haut ; & que l'Oeil du regardant voit le treillis ou carrelage de celuy d'embas par deſſus
& vne partie des objets ; & au contraire de celuy d'en haut il
voit le tout par deſſous, & ainſi cette eſleuation eſt cauſe qu'vne
partie fuyante deſdits objets luy eſt cachée par la baze e u.

I'ay mis haut à voſtre droicte la repreſentation des objets
dudit Tableau d'en haut , afin que vous les voyez de front ainſi
qu'il eſt ſuppoſé que l'Oeil O du regardant les voit.

Mais ſouuenez-vous que le principal ſujet qui m'a obligé de
repreſenter ces deux Tableaux & ſur tout celuy d'en haut, eſt
pour donner à entendre le moyen de faire le petit Tableau modelle , pour ſeruir à faire que les Tableaux plats-fonds inclinez
& courbes paroiſſent à l'Oeil , verticaux , horizontaux ou autrement , & auſſi que d'ordinaire tels Tableaux ſont haut eſle-
uez.

Par ainſi vous voyez qu'ayant à repreſenter ſur vne ſurface platte
vn Tableau ainſi eſleué haut , il ne ſeroit pas beſoin ſi l'on ne
vouloit , d'en faire vn petit modelle , quoy que ce point de veuë
F fuſt dehors , puis qu'il y a vn moyen de le trouuer ſans en ſor-
tir , dans les Planches ſ3, ſ4, ſſ, ſ6, de mon premier traité en
cas que l'on n'euſt pas de place pour ce faire ainſi qu'en ce Tableau d'en haut.

Mais ce qui eſt à *notter* comme j'ay dit , eſt qu'ayant à faire
vn Tableau ainſi eſleué , & par exemple ſur vne voûte il faudra
pour en faire le petit Tableau modelle , voir combien il y a de
pieds depuis l'œil O juſques au point F, ce qui ſera la diſtance,
& de combien ledit point de veuë F eſt eſloigné de la baze dudit
Tableau d'en haut e u.

Et d'autant qu'il y a encore quelques particularitez à dire ſur
ce ſujet les trois Planches ſuiuantes acheueront le reſte , puis
que je n'ay pas icy grande place pour en dire dauantage.

fig. d'enhaut.

4.

Ces figures 1. et 2. Sont faites icy pour vous representer que l'oeil O, voit de mesme ceux 1, 2. du Tableau Vertical A.

Pr. dessigner à vue l'œil les Objets sur les petits Tableaux Models

PLANCHE 5.

CEtte Planche n'eſt faite que pour vous auertir que ſi en lieu de faire par la regle effectiue de perſpectiue ſur les petits Tableaux modelles, les objets comme en la Planche de cy-deuant, vous les auiez ainſi de relief tels que vous deſirez les repreſenter ſur vos diuers grands Tableaux ou que vous les euſ-ſiez modelez; Qu'il ne faudroit faire autre choſe que de les placer en vn lieu eſleué proportionnellement à l'endroit où vous les deſirez repreſenter & ſuiuant vne meſme diſtance & eſleuation d'Oeil.

Et pour exemple ſuppoſez que vous ſoyez le regardant A O, & que vous eſtant reculé d'vne diſtance conuenable comme O F, en ſorte que vous ayez moyen d'embraſſer d'vne ſeule Oeillade la hauteur de l'objet, depuis F iuſques en haut vers M, & en cette poſition que vous ayez preciſement deſſeigné & co-loré en petit ladite figure ou objet & ſes deſpendances.

Cela eſtant il n'y aura qu'à tracer deſſus ce petit deſſein ou Tableau vn treillis ou petit-pied geometral, ſi petit que vous voudrez, ainſi qu'il ſera dit derechef en la Planche qui ſuit.

Lors vous n'aurez qu'à determiner le lieu ou la ſurface ſur laquelle vous deſirerez repreſenter ce qui eſt ſur voſtre petit deſ-ſein ou Tableau, ſoit en plat-fonds, incliné, en voûte ou au-ment en prennant la meſme diſtance O F & l'eſleuation de l'Oeil A O, & la tranſporter audit lieu proportionnelle-ment.

Et pour m'expliquer mieux pour le commun des Ouuriers de cette proportionnalité, ie dis que ſi vous auez deſſeigné d'a-pres vn objet grand comme le naturel il faut prendre & rapor-ter audit lieu où vous deſirez trauailler en grand, cette diſtan-ce O F de la meſme grandeur.

Et ſi au contraire ç'a eſté apres vn petit objet, par conſe-quent vous deuez auoir pris vne petite diſtance proportion-née : de meſme vous deuez la ragrandir ſuiuant ledit lieu où vous auez à trauailler.

La Planche qui ſuit eſt le moyen de faire ledit Tableau modelle & ſon treillis deſſus.

VOus voyez icy vn petit Tableau modelle composé de figures & partie d'Architecture, dont sa baze ou fondamentale de front E n V est esleuée au dessus de la ligne du Plan de
l'Oeil Z F X autrement horizontale & veu de 12. pieds de distance ainsi que cela se voit par les 12, diuisions marquées sur
l'interualé Z G, prise à la volonté sur ladite ligne du plan de
l'Oeil Z G X suiuant nostre mesme pratique.

I'ay mis sur le pied droict H E, V R les deux treillis perspectifs & leur eschelles fuyantes coupées n Z & H Z, pour faire
connoistre que l'on peut se seruir de l'vne & de l'autre pour
faire ledit Tableau modelle estant la mesme chose, vous deuez
voir aussi que F est le point de veuë.

Et en cecy vous considererez de plus, qu'alors que l'on desirera faire sur quelque surface ou Tableau plat-fonds, incliné
ou courbe, regulier ou non, vne telle representation que l'on
pretend estre le naturel, Il faut se contenter de ce que l'Oeil
en peut voir, car chacun sçait bien que d'autant que les Plan-
chers des theatres sur lesquels les Acteurs sont posez en repre-
sentant leurs Comedies, seroient esleuez au dessus de la hauteur de l'Oeil des Spectateurs, d'autant moins verront-ils en-
tiers lesdits Acteurs, & de plus lors qu'ils seroient reculez, enfoncez ou esloignez de la baze dudit theatre.

Mais comme les lieux où l'on est obligé de representer ces diuers Tableaux, ainsi que sur les voûtes ou autres plats-fonds
inclinez, leurs bazes sont esleuées plus haut que ces theatres, il
faut subir à cette sujection, à moins que sur de tels Tableaux
l'on y vouslust representer des bas reliefs ou tels autres corps &
ornemens qui ne demanderoient point de si grands esloigne-
mens fuyants.

Et sur ce sujet la pensée m'est venuë de ce que j'ay dit aux discours cy-deuant, que l'on peut aussi representer sur de telles surfaces des Tableaux ordinaires sans considerer par quelle distance & hauteur d'Oeil ils ont esté faits à veuë d'œil ou par regle.

Mais reuenons à nostre principal but qui est qu'ayant fait vn tel petit Tableau modelle que celuy-cy ou autrement, il faudra faire dessus, vn treillis ou petit pied de carrez égaux entr'eux comme les pointées que vous voyez
dessus iceluy, & aussi petits que vous voudrez, pour plus facilement & iu-
stement raporter les contours de vos objets qui sont dans iceluy sur vn pareil nombre de treillis perspectifs faits sur vne voûte ou tel autre Tableau,
ainsi que vous allez voir en la Planche qui suit ce mesme Tableau modelle
transporté sur vn treillis supposé fait sur vne voûte cilindrique,

Pour desseigner par Régle ces objects
Sur lesd.^{ts} Tableaux modelles.

Pour raporter dansus vne Voute Cilindrique les
objectz faits Sur le Tableau modelle des cy deuant.

PLANCHE 7.

Yant sçeu comme il sera dit cy-apres, de quelle sorte l'on doit faire le treillis perspectif sur vn Tableau ou surface irreguliere, il ne resteroit plus qu'à sçauoir celuy de trouuer sur lesdits treillis, les endroicts & place de la scituation des contours des objets par proportion à ceux dudit Tableau modelle.

Ainsi par la precedente Planche du petit modelle treilliffé de treillis égaux, & par celuy cy en voûte treilliffé de treillis inégaux pointez & de pareil nombre que celuy dudit modelle. Vous jugez & voyez bien le moyen sans que je m'en explique dauantage, de faire le tout par conformité & proportion, qui est à dire de placer les parties desdits objets, carrez pour carrez & place pour place.

Et comme les six pieds de front qui sont sur les pointées de front *a b, c d, e f, g h, i k*, & dauantage s'il y en auoit en s'éloignant de leur fondamentale ou baze E V deuiennent plus petits par vne proportion expliquée aux Planches 125, 126, de mon premier Liure, touchant la diminution de la couleur qui se trouue sur vne telle de front à comparaison & par proportion de celle qui est sur la semblable de front du treillis du petit Tableau modelle de cy-deuant, soit de sa moitié du tiers, du quart, & ainsi du reste.

Car il est tres constant que pour faire que ce qui sera desseigné & peint sur vne telle voûte ou plat fonds qui incline ou s'auance vers l'Oeil du regardant, luy paroisse se redresser à plomb ou verticalement sur son pied droict E Q, P V, il faut que les parties de l'objet qui sont ainsi les plus auancées, soient plus petites & plus foiblement colorées à proportion que celles qui sont sur la fondamentale de front E V.

Et d'autant que faisant les treillis ou carrez grands sur ledit modelle, ils le feroient d'autant plus sur le grand Tableau naturel, & que sur vne voûte il seroit difficile de bien trouuer precisement les contours des objets; ie donne cét auis de faire lesdits treillis les plus petits que l'on trouuera à propos pour par ce moyen rendre le tout plus correct ou plus juste.

PLANCHE 8.

Q Voy que dans mon premier Traité vous ayez veu ou pouuez voir le moyen de couper l'eschelle fuyante, & en fuite
faire vn treillis perspectif fur vn Tableau plat vertical, ie ne lai-
ray pas icy (& pour cauſe) de le reiterer.

Ce Tableau g c d b, eſt ainſi que j'ay dit, ſuppoſé eſtre plat
& ces quatre angles droicts ou à l'équierre, la ligne du plan de
l'Oeil Z C F X autrement horizontale eſleuée au deſſus de la
baze dudit Tableau g e c de trois pieds & demy, & la diſtánce
de l'Oeil du regardant de ſix; l'ay repreſenté ledit regardant aſſis
& vn peu plus petit qu'il ne deuroit, afin qu'il ne cachaſt point
vne partie du Tableau, & auſſi pour mieux voir ladite diſtance O F.

Remarquez donc que pour tracer ou couper perſpectiuement
ladite eschelle fuyante, de quel nombre de pieds ou telle meſure que vous voudrez par noſtre maniere vniuerſelle; Vous n'a-
uez qu'à ouurir voſtre compas de telle ouuerture que voudrez
& porter cette meſme grandeur en tel endroit qu'il vous plaira
ſur la ligne du plan de l'Oeil Z F X, & par exemple du point
Z autant de fois que ladite diſtance contient de pieds comme
de Z en C, puis rranſporter encore vne fois cette meſme ouuerture de compas ou l'vne de ces ſix grandeurs ſur la baze g e c
comme de g en n, & dudit point n à celuy Z mener la pointée n
Z, & en ſuite tirer vne autre pointée du point g au point c derniere de ces ſix diuiſions, & où elle coupera la pointée n Z mener la defront o p paralelle à ſa fondamentale g e c, puis du
point 1 vne autre droite 1 q c qui coupera encore ladite pointée
n Z au point q. & par le point 2 mener vne autre de front 2 q r
& ainſi faire la meſme choſe pour 3 ſ & autres de front ſuiuant
que vous en aurez de beſoin.

Vous allez voir ſur la Planche qui ſuit que le moyen de faire
vn tel treillis perſpectif ſur vn Tableau plat-fonds que l'on
deſire qu'il paroiſſe à l'Oeil du regardant vertical ou à plomb
ſur l'horiſon eſt le meſme que de celuy-cy.

En la Planche ſuiuante eſt repreſenté que la maniere de faire
ces eſchelles de front & fuyantes ſur vn Tableau plat & incliné
vers l'Oeil du regardant, eſt ainſi que celle-cy.

PLAN-

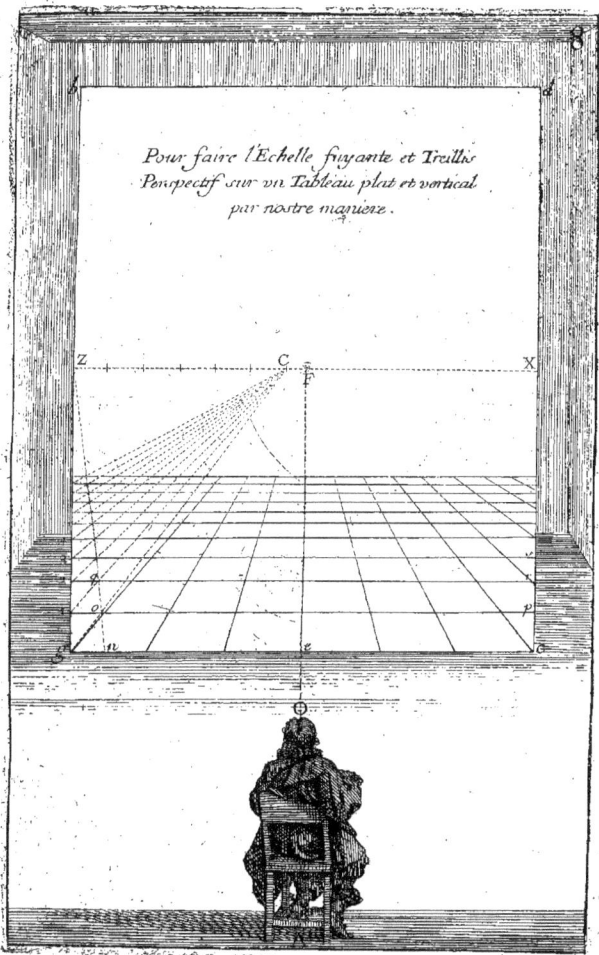

Pour faire l'Echelle fuyante et Treillis
Perspectif sur un Tableau plat et vertical
par nostre manière.

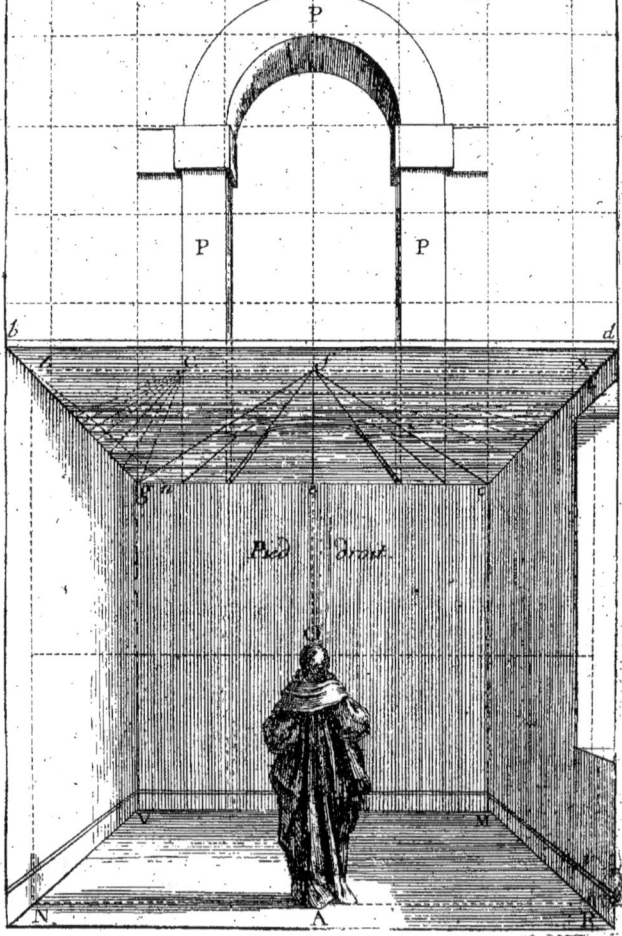

9   Pour faire que le Tableau plat fonds quelch paroisse
a l'œil vertical comme la Surface Eg et sa fig.e P.

SVr cette Planche il vous eſt repreſenté en perſpectiue la forme & portion d'vne petite chambre , galerie ou cabinet & par ainſi le plan d'aſſiette N M R V , où eſt ſcitué le regardant A O puis les deux murs ou coſtez & le fonds ou pied droict V ε g M, & finalement ſon plancher ou plat-fonds g c d b, ſur lequel plat-fonds il eſt ſuppoſé qu'on vueille repreſenter cette feneſtre ou porte en arcade que j'ay ſuppoſée eſtre eſleuée à plomb ſur la de front g e c ou baze dudit Tableau plat-fonds g e d b derriere luy.

Ayant donc deſſein de faire vn treillis perſpectif ſur vn tel Tableau plat-fonds afin qu'il faſſe l'effect que j'ay dit.

Il faut tout premierement determiner le lieu d'où on veut regarder ladite ſurface, autrement la poſition ou ſcituation de l'Oeil, puis la diſtance, & pour ce faire ſuppoſez que la figure A O ſoit à plomb ſur le plan d'aſſiette ou plancher N M R V.

Puis ayant eſleué du point de l'Oeil O vne ligne à plomb, O ε f. tant qu'elle rencontre ledit plat-fonds ou Tableau g c d b comme au point f & dudit point f mener vne droicte de front Z f X paralelle à la de front ou baze g e c.

Lors il faudra meſurer combien ladite ligne O f contient de pieds, alors par ce moyen vous ferez l'eſchelle fuyante comme il a eſté expliqué en la Planche precedente & comme vous la voyez tracée au coſté dudit plat-fonds comme au triangle g G Z & g n Z & les ſix parties de la diſtance contenuë dans l'inter-uale Z C, & des autres droites pointées qui vont au point C.

Cela eſtant fait il ne vous reſtera qu'à mener les deffront par les diuiſions perſpectiues fuyantes, paralelles à leur de front fondamentale g e c, & par les pieds ou diuiſions de cette de front g e c mener des fuyantes au point de veuë f, & par ce moyen vous aurez fait voſtre treillis ou carrelage perſpectif ſur lequel vous pouuez deſſeigner quelle figure ou hiſtoire que voudrez ſuiuant & conformement au petit Tableau modelle fait pour cela.

I'ay placé ſur le treillis dudit Tableau plat-fonds à peu près la forme de ladite porte ou feneſtre ſuiuant le treillis geome-tral pointé, afin de donner à entendre qu'eſtant faite de la ſor-te ſur ledit plat-fonds elle y doit pareſtre à l'Oeil du regardant de la meſme façon que celle tracée ſur le treillis geometral pointé.

50

VOus voyez bien encore par cette Planche que la maniere
ou pratique d'y tracer ce qui y est, ne doit pas estre dife-
rante à celle des deux autres Tableaux verticaux & en plat-fonds
de cy-deuant.

Puis que g n 4 t est la fondamentale de front ou baze du
Tableau & g b & c d ou 8 d les montans ou costez & b d le
haut, & que ces 4 angles sont aussi droicts ; Que la pointée Z f
X est la ligne du plan de l'Oeil & f le point de veuë, & aussi que
l'interuale dudit point f au point O Oeil du regardant A O est la
distance laquelle est supposée de dix pieds, de sorte qu'ayant
comme il a esté dit à la huictiesme Planche, ouuert le compas
d'vne grandeur à volonté & mis cette grandeur dix fois sur la
ligne du plan de l'Oeil Z f X en commenceant au point Z & finissant à C, puis porté l'vne de ces dix parties égales au bas dudit Tableau comme de g en n & tiré vne droite du point n au
point Z & du point g vne autre à celuy de distance C, Et en suite
par le lieu ou point que ladite ligne pointée g C aura fait sur n Z,
comme au point o faut mener vne de front 1, o, p, paralelle à la
fondamentale de front n c g, & du point 1 que ladite de front
1 o p a fait sur celle g z mener encore vne autre droite pointée
au point C ladite 1 C coupant n Z au point q par lequel faut tirer la de front z q m aussi paralelle à g c.

Puis faire ainsi tousiours la mesme chose pour autant de defront que vous en aurez à tracer en sorte qu'elles soient toutes
paralelles entr'elles, & alors vous aurez coupé l'eschelle fuyante & les defront ; ne reste plus que de mener par les 8 pieds ou
diuisions qui sont sur la baze du Tableau g n c des fuyantes au
point de veuë f, & d'autant qu'ayant tiré vostre derniere qui
est c f il resteroit les deux triangles Z f g à vostre gauche & f
X c à vostre droicte sans fuyante ny carreaux, il n'y a qu'à prendre sur la derniere de front comme celle 10, r s u le quelconque
desdits 8 pieds contenus sur icelle comme celuy r x, & le porter d'vn & d'autre costé comme de r vers 10 & de s vers u &
par ces points mener des droictes au point de veuë f vers les
montans c d & g b, & ayant à tracer plusieurs fuyantes faire la
mesme chose vn plus grand nombre de defront estants faites.

La Planche qui suit donne le moyen de couper l'eschelle
fuyante sur les profils des Tableaux.

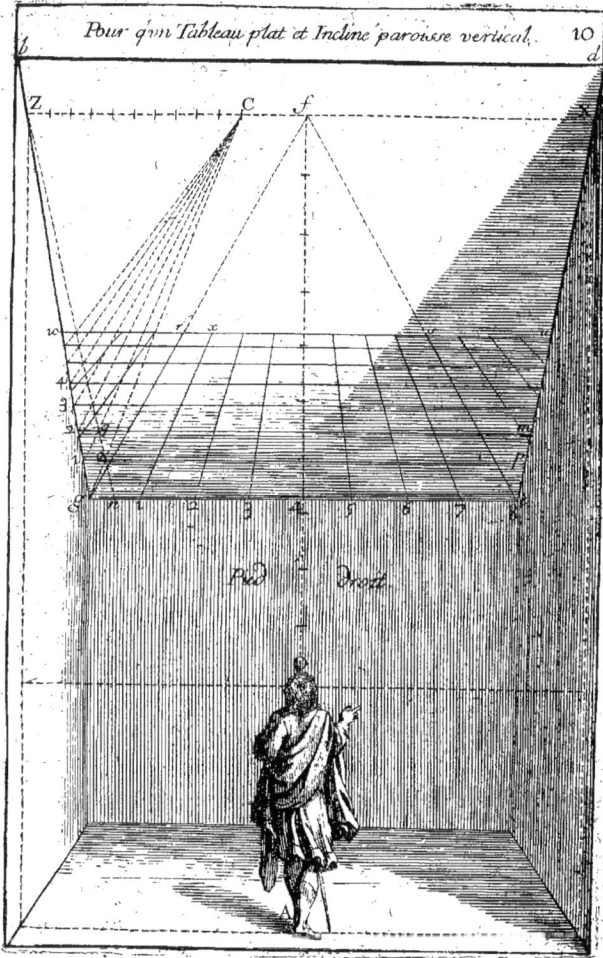

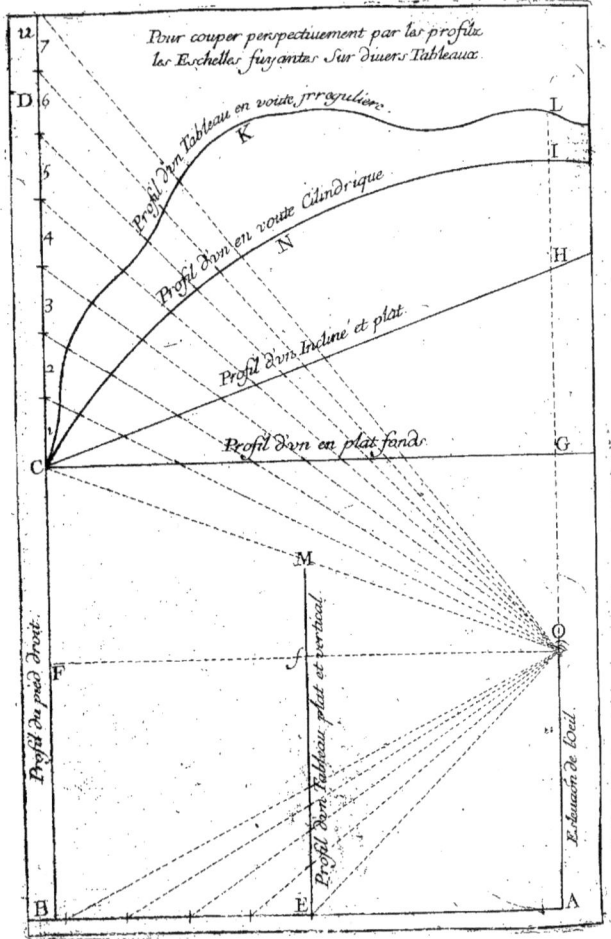

Pour couper perspectiuement par les profilz
les Eschelles fuyantes Sur diuers Tableaux.

Profil d'vn Tableau en voute jrregulier.

Profil d'vn en voute Cilindrique.

Profil d'vn Incliné et plat.

Profil d'vn en plat fond.

Profil du pied droit.

Profil d'vn Tableau plat et vertical.

Eleuation de l'œil.

PAr ce qui est representé en cette Planche vous deuez voir que la ligne A B represente le profil d'vn plan d'assiette du Tableau vertical E f M, lequel Tableau est perpendiculaire audit plan. Celuy C G d'vn en plat-fonds. Celuy C H d'vn incliné & plat, & celuy C N I d'vn en courbure ou voûte cylindrique; Et finalement la ligne courbée C K L represente vn Tableau dont la surface est courbée irregulierement comme vn rocher, & de plus que la ligne C D laquelle est diuisée en sept parties égales est en cette rencontre le profil du plan d'assiette des profils desdits Tableaux C G, C H, C N I, & C K L.

Mon intention est que O point de l'Oeil du regardant A O & tous ces profils de Tableaux & de plans d'assiette, ensemble toutes ces lignes pointées qui vont des diuisions desdits plans aboutir audit Oeil O en vn mesme point & la pointée O G H I L doiuent estre entenduës ou conceuës dans vn mesme plan ou coupe.

De plus que les coupes ou intersections que font cesdites fuyantes pointées sur ces diuers profils de Tableaux sont les points perspectifs que l'on desire trouuer sur iceux selon le rayonnement de la veuë & leurs scituations.

De sorte que si on pouuoit auoir vne surface platte aussi grande que le lieu où on est obligé de trauailler & en auoir les grandeurs des profils precis on pourroit sur icelle tracer par ce moyen les eschelles fuyantes pour puis apres les raporter sur le Tableau, ainsi que j'espere faire voir en son lieu.

Et faut bien noter que comme la ligne O f F profil du plan de l'Oeil est paralelle à son plan d'assiette B E A de mesme O G H I L le doit estre au plan d'assiette C O & que la distance de l'Oeil O au Tableau C G est O G de mesme à celuy C H, C N I, C K L. la distance est O H, O I, O L & aussi O f est la distance de l'Oeil au Tableau vertical E f M & A O son esleuation paralelle audit Tableau E f M.

Ie diray pour ceux qui ne sont pas beaucoup versez à reduire proportionnellement que n'ayant pas vn lieu assez grand pour faire ce que dessus en diminuant toutes ces lignes ou grandeurs de la moitié, il leur suffira d'vn lieu plus petit de moitié, & alors qu'ils voudront transporter l'eschelle fuyante sur son lieu naturel il n'y auroit qu'à y mettre dessus deux parties ou pieds fuyants perspectifs pour vn.

POur derechef faire voir qu'encore qu'vn Tableau soit sci-
tué d'vne autre façon deuant l'Oeil du regardant que le
vertical dont nous auons parlé, il ne faut ainsi qu'il a esté dir
qu'à bien entendre ou comprendre ce que l'on fait & la raison
pourquoy, aussi-tost l'esprit & l'imagination découure que la
difference est si peu de chose que cela ne merite pas le parler ou
du moins d'en faire distinction.

Pour exemple considerez encore cette Planche en tournant
ce Liure ainsi que vous auez fait cy-deuant pour la troisiesme
Planche, de sorte que la ligne à plomb K g L vous soit vne de front
vous remarquerez aussi-tost à la veuë que la ligne F O y represente la hauteur du regardant dont O est l'Oeil, laquelle
F O & aussi le Tableau g ɛ d b sont icy perpendiculaires au plan
d'assiette K L N M qu'vne partie dudit plan d'assiette supposé
deriere le Tableau est carrelé de 9 carrez fuyants & de 6 de front
égaux à ceux de la baze du Tableau g e c, & de plus que l'interuale du point O Oeil dudit regardant au point de veuë f est la
distance, dont s'ensuit que la ligne fuyante e f du Tableau se
peut diuiser ou couper perspectiuement suiuant le moyen precedent si l'on tire des lignes par les diuisions 1, 2, 3, 4, 5, 6, &c.
qui sont sur la geometrale e 4 H au point de veuë O comme de
celle 3 u O qui coupe la fuyante e f au point n.

De sorte qu'ayant cette fuyante e f ainsi diuisée au Tableau
l'on n'a plus qu'à mener par ces diuisions des droictes paralelles
entr'elles & à leur de front fondamentale g e c, comme celles p
q, r s, t u, & autres; Et en suite des diuisions qui sont sur ladite de front g e c mener des droictes fuyantes au point de
veuë f par ainsi vous aurez fait sur ce Tableau les carrez ou treillis perspectifs des geometraux qui sont sur le plan d'assiette.

Aptes cecy entendu en remettant vostre Liure deuant vos yeux
vostre ordinaire, en sorte que la droicte P Q soit vostre de front
vous ne trouuerez autre difference quoy que ledit Tableau soit
supposé plat-fonds sinon que A est en position les pieds
du regardant A Q posez sur vn autre plan d'assiette ou plancher
& que la hauteur du regardant est moindre que celle F O que
voyez cy-deuant, & que l'Oeil O n'a point changé de position
& que O F est la distance pour faire le petit Tableau modelle &
F son point de veuë.

12

Que le mesme art de faire vn treillis
perspectif sur vn Tableau plat fonds
que sur vn vertical.

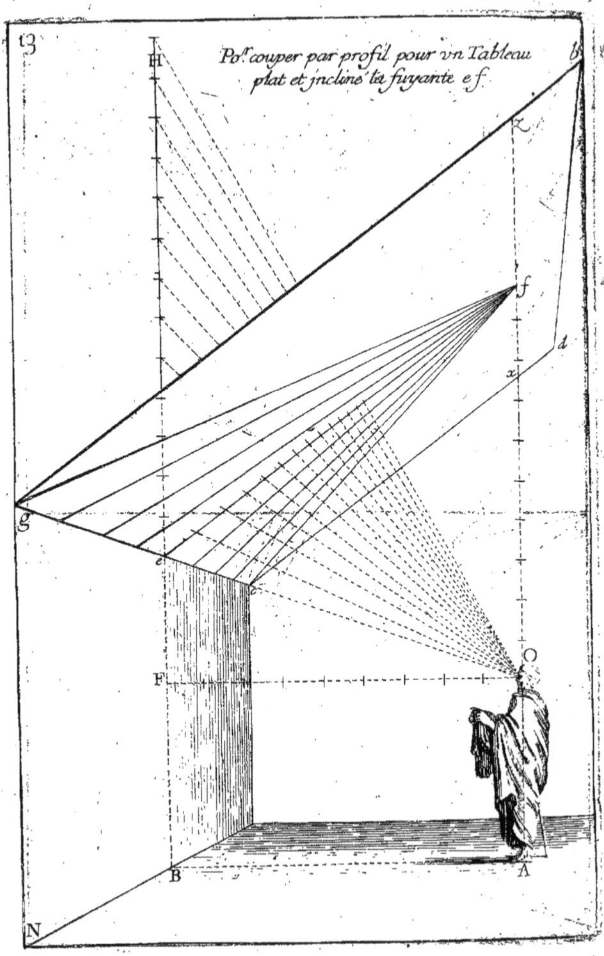

13

Pos. couper par profil pour vn Tableau
plat et incliné ta fuyante e f.

H

b

z

f

d

x

g

c

O

F

N

B

A

Ar cette Planche vous verrez qu'il n'y aucune difference de tracer sur vn Tableau plat incliné les eschelles de front & fuyantes que sur les precedents.

Ie croy donc sans le vous dire dauantage que par la veuë des exemples cy-deuant & des lettres, qui leur seruent de cottes vous pouuez reconnoistre icy la forme & scituation du Tableau, & vne bonne partie des autres particularitez.

Toutefois pour vn plus grand éclaircissement je vous diray encore qu'icy la ligne F e H est perpendiculaire à celle A B, que sa portion e H diuisée en 13. parties égales est le profil du carrelage ou objet ou comme j'ay dit du plan d'assiette, que la ligne pointée O f luy est paralelle, que l'interuale du point O au point f c'est la distance de l'Oeil du regardant audit Tableau & A O l'esleuation dudit Oeil à plomb sur la ligne A B. Et de plus qu'en tournant encore vostre Liure comme cy-deuant, de sorte que la ligne B F e H ou celle N g 13. vous soit de front, & que la pointée F O soit le regardant & l'interuale e H le plan d'assiette & O f la ligne du plan de l'Oeil, toute la difference qu'il y auroit est en l'inclination du Tableau & en la station & esleuation de l'œil du regardant A O.

Souuenez-vous que les deux Planches qui precedent celles-cy & celle qui suit n'ont esté mises à autre dessein que pour vous faire connoistre que l'on peut couper l'eschelle fuyante par le moyen des profils en substituant tousiours derriere le Tableau comme en cette Planche la droicte verticale ou à plomb e H diuisée d'vn pareil nombre de parties égales que vous auez de treillis ou carrez faits sur vostre petit Tableau modelle & des diuisions de cette pointée à plomb mener des lignes au point de l'Oeil du regardant & par ainsi elles couperont la ligne e f qui est dans vn mesme plan que toutes ces autres & icy perpendiculaire à la conduite de front ou baze du Tableau g e c.

La Planche qui suit est la representation d'vn treillis perspectif fait sur vne voûte cylindrique & en suite d'elle vous verrez comme lors que le point de veuë ne se trouue point dans l'enclos d'iceux ny sur vn mesme plan, il faut auoir recours pour y tracer ledit carrelage ou treillis à vn autre moyen, neantmoins tres-facile comme vous verrez.

54 A differance de tracer ce treillis perspectif sur cette surface
ou Tableau d'auec ceux de cy-deuant n'est autre sinon que
la forme de cetuy-cy est courbe en vn sens, & plat en vn autre.

Les lignes qui sont menées par les diuisions de la baze du
Tableau ou fondamentale de front *g e c* au point de veuë *f* nommées fuyantes doiuent suiure la courbure de ladite voûte &
par consequent cela ne se peut faire à la reigle mais bien les de
front *p q*, *r s*, *t u* & suiuantes.

Il se peut rencontrer diuerses sortes de surfaces courbes ou
autrement où la mesme chose ne se peut faire à cause de leurs
irregularitez, c'est pourquoy il faut recourir à vn moyen vni-
uersel duquel le peu que je diray icy pourra donner visée aux
intelligens pour les autres rencontres en attendant le lieu cy-
apres où le tout sera expliqué plus amplement.

Voulant donc tracer par le moyen des trois Planches de cy-
deuant vne eschelle fuyante sur vne voûte de la forme de celle-cy.

Considerez premierement le profil de cette petite figure
deuxiesme qui paroist comme essoignée perspectiuement à la
grande, afin de ne la point tant embroüiller de lignes ; puis figurez-vous qu'ayant vne surface ou lieu plat de grandeur suffi-
sante a y tracer en grand le profil *e r f* d'vne partie de la voûte
& de son pied droict comme *f e*, & en suite la scituation de
l'Oeil O du regardant en suite que vous eussiez esleué vne ligne
e h à plomb suiuant ledit pied droict *b e* & qu'elle fust diuisée en
autant de parties égales que vous auriez de treillis ou carreaux
fuyans à representer sur ladite voute en menant de toutes ses diuisions des droictes au point de l'Oeil O elles auroient coupé
ou diuisé le profil *e f* de ladite voute perspectiuement, lesquelles
parties transportées ainsi sur ledit profil où vous deuez trauailler il n'y auroit plus qu'à mener par ces diuisions des de front
paralelles à vostre baze du Tableau, ce qu'estant fait.

Il faudra y tracer les fuyantes comme *g m n f*, *i k l f* & autres
desquelles n'est besoin d'y en tracer que deux pour faire en suite
toutes les autres.

Ayant donc attaché au point de veuë *f* & aux deux diuisions *g i*
de la baze du Tableau *g e c* deux ficelles chacune en ligne droictes
comme *g f* & *i f* lors ayant mis la lumiere d'vne chandelle, lampe ou flambeau au point de l'Oeil O ou en vn quelconque endroict sur la ligne à plomb O *f* les deux ficelles vous donneront
leurs ombres sur ladite voute comme *g m n f* & *i k l f*. La Planche qui suit acheuera le reste.

Pour couper comme cy deuant la fuyante e 23 f
pour vn Tableau en voute Cilindrique.

H   z

n

m

t

k

2

r

p

g

F

B   A

O

2.*me* fig.

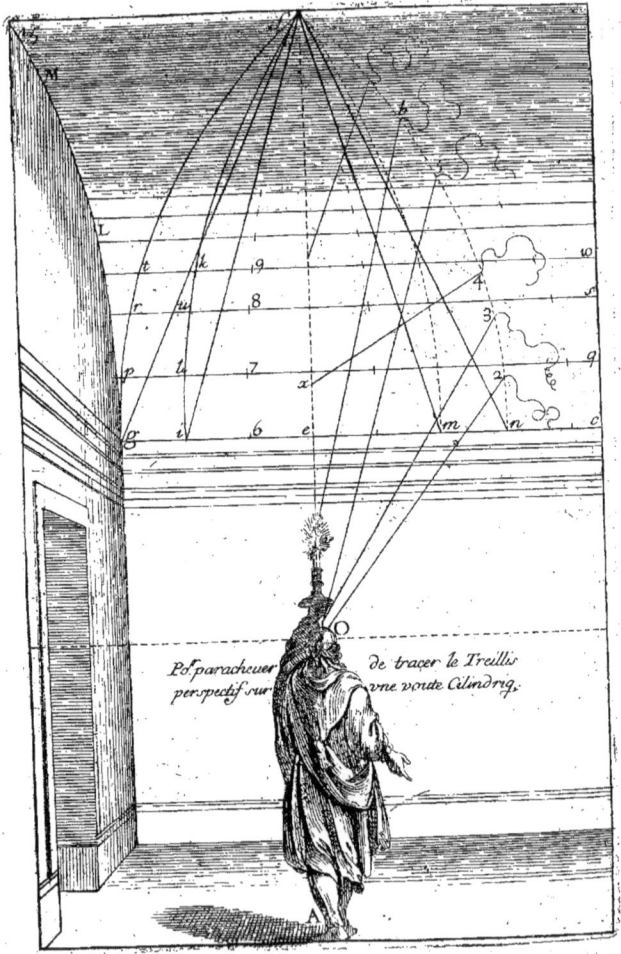

Pofparacheuer   de tracer le Treillis
perspectif sur   vne vonte Cilindriq.

Par cette Planche je suppose que vous ayez coupé le profil *g*
l m, de cette voute ou la fuyante *e x f* par le moyen cy-
deuant dit és Planches 11, 12, 13, 14., & par conſequent mené à
la regle ou tringlé au filet ou cordeau blanchy par les diuiſions
des droictes de front *p q*, *r s*, *t u*, & autres paralelles à la fondamentale de front *g e c*.

Vous n'aurez plus ayant voſtre de front ou baze du Tableau
g e c diuiſée en vn pareil nombre de pieds ou parties qu'aurez
voulu toutefois égaux ou de meſme grandeur que ceux qui ont
ſeruy à couper perſpectiuement le profil de ladite voute qu'à
mener par ces diuiſions des fuyantes au point de veuë *f*.

Pour cét effet attachez ainſi que deuant deux ficelles ou telle
autre choſe qui ne ſoit ſujette à ſe deſtendre ou laſcher du
moins de quelque temps à deux de ces diuiſions comme *g f*, *i f*
bien tenduës en lignes droictes, puis mettant vne chandelle ou
lampe allumée en vn quelconque endroict de la ligne pointée à
plomb *o e f* leſdites deux ficelles *g f*, *i f* feront les deux ombres
ou fuyantes courbes *g p r t f* & *i l k f* que vous tracerez ainſi ſur
ladite voute preciſement comme il a eſté dit cy-deuant.

Autrement comme à voſtre droicte ayant ainſi attaché encore deux autres ficelles *m f n f*, & d'autres preciſement en vn
quelconque lieu ſur la ligne pointée ou ficelle à plomb *o e f* &
continuans leſdits filets comme ceux *O 2*, *O 3*, *x 4*, *O 5*, *y b* &
autres tant qu'ils aillent toucher ladite voute & baiſer en meſme temps leſdites ficelles fuyantes ſans qu'aucune d'elles perdent leurs lignes droictes, vous marquerez par ce moyen tant de
points que voudrez ſur ladite voute, & par ces points vous y
menerez des lignes fuyantes courbes adoucies.

La meſme choſe ſe peut faire auſſi en mirant ou borneyant
touſiours dans ce meſme plan *O y e x f n* à meſure qu'vne autre
perſonne taſte auec vn baſton les endroicts que leſdites ficelles
fuyantes couurent de ladite voute à voſtre Oeil O.

Et pour mener les autres fuyantes ſur vne telle ſurface comme
celles 6, 7, 8, 9, & autres, il n'y a qu'à prendre les pieds de front
contenus dans l'vn ou l'autre de ces triangles ou fuyantes courbes & les mettre autant de fois que vous en aurez beſoin ſur
chacune de front de ſon alignement ainſi qu'aux de front *g i*, à
i, *6*, *p l*, à, *l 7*, *r u* à *u 8*, *t k* à *k 9*, & ainſi des autres, & par ces
diuiſions 6, 7, 8, 9, mener vne fuyante adoucie 6 7 8 *f*, & par ainſi voſtre
treillis perſpectif ſera fait & preſt à y deſſeigner deſſus les objets du petit Tableau modelle ſuiuant ſon petit treillis geometral ou égal.

I Vſques à preſent nous n'auons tracé aucune eſchelle de front
& fuyante que ſur des Tableaux où le point de veuë *f* ne fuſt
dans le Tableau à la reſerue de la Planche precedente, où ayant
ſuppoſé l'eſchelle fuyante coupée par le moyen des profils du
plan d'aſſiette & d'vne fuyante, j'ay donné celuy de tracer les de
front & fuyante ſur ladite voute.

Mais maintenant il s'agit de ſçauoir encore couper leſdites
fuyantes par noſtre maniere vniuerſelle pour en ſuite & enſemble les de front, les tracer ſur toutes ſortes de ſurfaces où ledit
point de veuë *f* ne les rencontre ou ne s'y trouue point ainſi
qu'en cette Planche où ce point de veuë *f* ne s'eſt point trouué
dans le Tableau incliné *g c d b*.

Ainſi ayant à tracer ſur vn tel Tableau le treillis perſpectif dont
eſt queſtion & determiné le lieu du regardant A O puis eſleué
du point O vne ligne verticale ou à plomb tant qu'elle rencontre vn quelconque corps ou ſurface qui l'arreſte, lors ce point
de rencontre *f* ſera celuy de veuë pour faire ce grand treillis
perſpectif & la pointée O *f* ſa diſtance.

Or pour le petit Tableau modelle, F eſt ſon point de veuë &
O F ſa diſtance, & c'eſt dont il ſe faut ſouuenir afin de ne prendre l'vn pour l'autre.

Cela eſtant vous conceurez que s'il y auoit trois ficelles tenduës chacune en ligne droicte du point de veuë *f* aux deux extremitez, & au milieu de la baze du Tableau comme les droites *g f, e f, c f*, & que vous euſſiez mis comme il a eſté expliqué
és Planches 14, & 15, vne chandelle en vn quelconque endroict
de la diſtance O *f* ou par le borneyement ou filets, vous auriez
tracé ſur ledit Tableau incliné les fuyantes pointées *g r f, e m f,
s s f*.

Et de plus ſi vous auiez eu les 9, diuiſions de l'eſchelle fuyante
marquées ſur la ficelle *e f* vous y auriez auſſi trouué ſur la pointée *e m* par ce meſme moyen leur place perſpectiue comme il
ſera dit en la Planche qui ſuit.

Vous ſçaurez auſſi que pour auoir de telles lignes fuyantes
g r f ſur vn Tableau plat il ne faut qu'y trouuer vn point comme *u* par le moyen du filet O *u* qui raze le filet *g f* & par les
points *g u* mener la droicte *g u r*. qui repond à la ficelle *g f* &
ainſi des autres.

PLANCHE

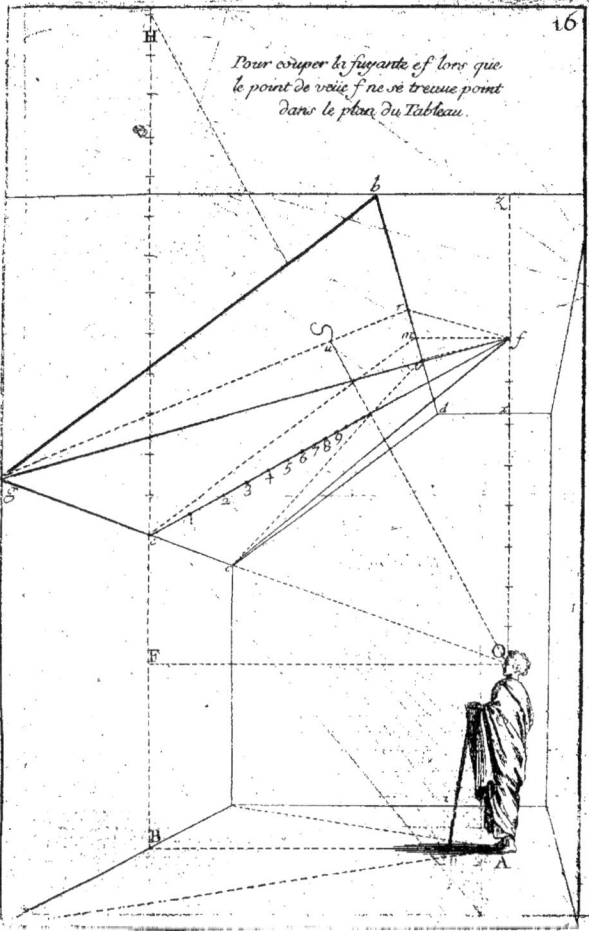

16

Pour couper la fuyante ef lors que
le point de veüe f ne se treuue point
dans le plan du Tableau.

fig. d'enhaut.

fig. d'embas.

Vous deuez connoistre que ce qui est tracé en la figure d'en-haut de cette Planche n'est que la mesme de cy-deuant à la reserue que j'y ay ajousté vn profil perspectif d'vne voute g p b z, & c k d x derriere le Tableau plat incliné g c d b f & que pour la petitesse de la Planche j'en retranche icy la hauteur du regardant O & aussi deux ficelles puis qu'il suffit d'vne à present qui est e f que je suppose icy bien tenduë en ligne droicte & perpendiculaire à la baze du Tableau g e e & fermement attachée aux points e & f.

Cela estant il faudra s'estre pourueu d'vn lieu plat & vny de grandeur à contenir l'interuale de cette ligne ou ficelle e f à moins quel'on ne vouluft la reduire en petit proportionnelle-ment, auquel cas il faut estre d'autant plus exact en l'operation.

Donc pour copper cette grandeur ou interuale e f sur ce lieu plat comme en cette Planche figure d'embas.

Menez à la regle vne droicte E V, & sur icelle en tel endroict que voudrez, vne autre droicte F C qui luy soit perpendiculaire puis transportez sur cette F C l'interuale ou grandeur au juste de la ficelle e f comme de F en C, & par ce point C menez la ligne Z C X paralelle à E V, cela fait voyez ou contez en haut combien il y a de pieds ou parties sur la ligne pointée O f.

Puis ouurez vostre compas d'vne grandeur à volonté & por-tez cette grandeur ainsi 8, fois sur la ligne Z C X en commen-çant au point C, & finissant à H, puis gardant cette mesme ou-uerture de compas ou de la quelconque desdites 8, parties dudit internale C H, transportez la sur la de front E V comme de F en n puis dudit point n menez vne droicte au point C, lors du point F menez vne autre droicte pointée au point H, & par le point 1 où elle a coupé la droicte n C menez vne de front 2, 1 paralelle à E V ou à F n & du point 2 au point H menez vne autre droicte pointée 2 H, & derechef menez la de front 3, 4, & ainsi du reste comme il a esté és deux Planches 8 & 10, & tres-amplement & de diuerses façons dans mon premier Liure.

Lors vous n'aurez qu'à transporter les parties fuyantes qui sont sur la ligne F C dessus la ficelle e f tenduë droicte & les mar-quer auec de l'ancre ou telle autre chose.

La Planche qui suit vous expliquera le reste.

H

AYant transporté sur la ficelle *e f* figure d'enhaut le nombre des parties ou pieds fuyants voicy deux ou trois moyens pour les tracer sur voftre Tableau incliné *g c d b*.

L'vn ayant enfilé ou appliqué aux endroicts des diuifions de la ficelle droicte *e f* des petites patenoftres ou boulettes de cire & en fuite mis la lumiere d'vne chandelle precifement en la place du point de veuë O par ce moyen les ombres de ces boulettes & celle de la ficelle *e f* iront fe placer fur ledit Tableau comme aux points 1, 2, 3, 4, 5, 6, 7, ainfi que les droictes pointées O 1, O 2, O 3, O 4, & autres vous montrent.

Le deuxiefme moyen eft eftant deux perfonnes que l'vne euft fon Oeil au point O & qu'elle miraft ou borneyaft fi celuy qui luy cherche auec vn bafton ou telle autre chofe vn peu pointuë luy montre bien l'endroit fur le Tableau que chaque boulette luy couure à l'Oeil & ainfi la marquer.

Le dernier moyen eft par les filets ainfi qu'il a efté expliqué en la 15, Planche pour tracer les fuyantes fur vne voute, mais pour l'occafion prefente, il faut ofter les boulettes afin que le filet que l'on conduira toufiours du point d'œil O en ligne droicte iufques à la furface ou Tableau touche ou baife de plus prés les diuifions d'ancre marquées fur la ficelle *e f* pour les marquer plus precifement fur ledit Tableau.

La figure d'embas vous reprefente vn Tableau courbe ou en voute *g c d b* fa diftance O *f* pour faire fon efchelle fuyante *e f*.

Et de plus la diftance O F & le point de veuë F pour faire les efchelles fuyante & de front du petit Tableau modelle & par leur moyen fes objets.

Cette figure vous montre auffi comme par ces filets O1, O 2, O 3, O 4, & autres continuez en ligne droicte iufques à la voute en touchant chacune des diuifions ou marques de la ficelle *e f* fans leur faire perdre à aucunes leurs lignes droictes vous aurez tracé fur ladite voute la fuyante courbe *e* 1, 2, 3, 4, 5, 6, 7, *f* laquelle s'y peut faire auffi par les autres moyens cy deffus.

Ces fuyantes *e* 7 *m f* eftant faites figure d'enhaut & d'embas *e* 7 *f* & leurs diuifions, vous n'aurez plus qu'à mener par ces diuifions des droictes de front paralelles à la baze du Tableau *g e c*, ce qu'eftant vous aurez fait voftre treillis perfpectif preft à y deffeigner deffus carré pour carré, ce qui fera fous les carrez ou petit pied de voftre Tableau modelle ainfi que vous pouuez voir aux Planches 6, 7, 9, & en la 14, le treillis fur la voute.

Pour tracer sur un Tableau plat et incliné
et sur un en Voute, les 7 diuisions
perspectiues des lignes ou ficelles, e f.

fig.ᵉ d'enhaut

fig.ᵉ d'embas

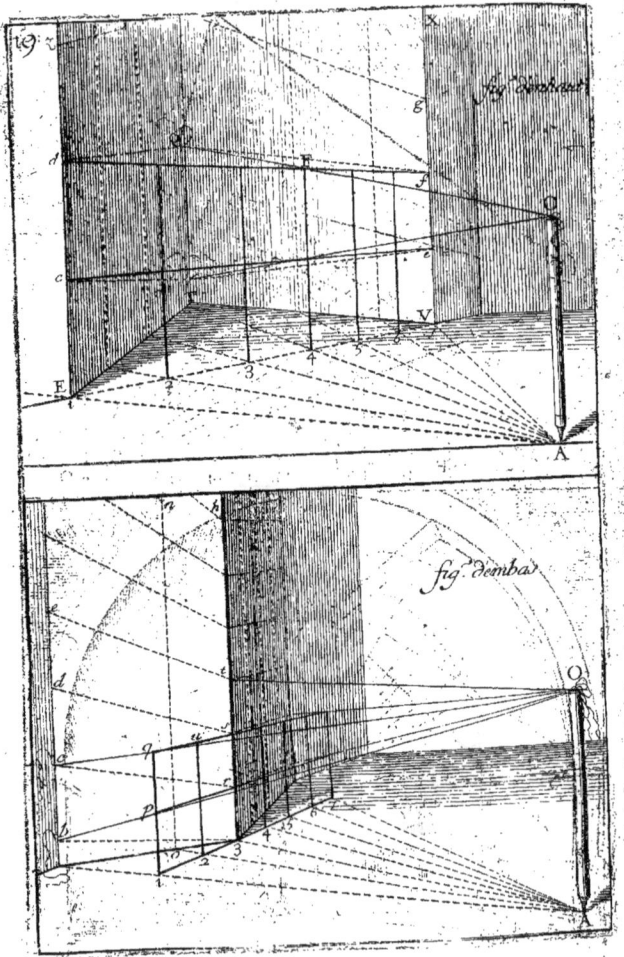

fig.˙ d'enhaut

fig.˙ d'embas

D Ans cette Planche figure d'enhaut eſt repreſenté vn mur vertical qui fait vn angle rentrant ou enfoncé, & en bas vn ſaillant ou auancé.

Voulant repreſenter ſur iceux vn Tableau vertical & plat conforme en ſon grand comme le modelle en petit, faut conſiderer qu'encore que ces angles rentrant & ſaillant ainſi, touſiours leurs eſleuations ſont icy conſiderez à plomb ou perpendiculairement ſur le plan où eſt ſcitué ou placé le regardant, ou picquet A O.

Et ainſi que la diſtance du petit Tableau modelle pour ces ſortes de Tableaux & ſon eſleuation d'Oeil eſt celle d'enhaut O F & d'embas O t & l'eſleuation d'œil A O, & qu'il ne faut penſer à ces diſtances & eſleuations d'Oeil que pour faire le Tableau modelle, lequel eſtant treilliſſé ou diuiſé de carrez égaux il ne faudra que trouuer ſuiuant la poſition d'vn pareil treillis grand expoſé deuant ladite ſurface, l'ombre d'iceluy ſur ces ſurfaces.

Donc pour y conceuoir d'abord vn tel treillis figurez vous que la ligne E V baze du Tableau ſoit diuiſée en 6, pieds ou parties égales que les coins du mur ou montans du Tableau E z & V X le ſoient auſſi comme E c d z & V e f g X, & que par ces diuiſions il y ait des ficelles tenduës droictes & de front, puis d'autres à plomb ou perpendiculaires ſur les diuiſions 2, 3, 4, 5, 6, lors vous aurez fait vn treillis geometral derelief deuant ladite ſurface, & pour le tracer perſpectif ſur icelle vous n'aurez qu'à mettre vne chandelle ou telle lumiere au point d'œil O & les ombres que ce treillis de ficelles fera ſur leſdits angles ſeront le treillis perſpectif dont vous auez beſoin.

Le meſme pouuez vous faire par les filets & le borneyement.

Or ſur de telles ſurfaces verticales & plattes ou vnies, il n'eſt pas neceſſaire de conſtruire entr'eux & l'Oeil O vn pareil nombre de treillis geometraux qu'en peut auoir le petit modelle, il ſuffit d'vne couple l'vn ſur l'autre, ſur tout lors que les angles A T E, A T V ſont égaux de part & d'autre : Car ayant tracé vn coſté comme figure d'embas par le moyen des deux filets O p b & O q c, ayant mené vne droicte à plomb par les 2 points b c, il faudra porter ſur icelle cette interuale b c autant de fois qu'il ſera beſoin, puis ayant diuiſé l'arreſte à plomb 3 t h, par le moyen des interuales égales 3 r, r ſ, ſ t, & autres puis tracé ſur ledit coſté d'angle les lignes pointées b 3, c r, d ſ, e t & ſuiuantes, puis menez vne droicte du point A pied du regardant à la diuiſion 2, iuſques au pied du mur o & en eſleuant dudit point o la droicte à plomb o n vous aurez fait le treillis du coſté b h dudit angle ſaillant ; l'autre coſté eſtant égal il n'y aura qu'à y tranſporter ces meſmes diuiſions ou carrez, ou bien ſi il ne l'eſt pas menant dudit point A des droictes aux autres diuiſions 4, 5, 6, 7, & continuées iuſques au bas dudit mur il faudra eſleuer les pointées à plomb.

ENcore que cette figure ne soit point ombrée ou ombragée, je croy que vous ne laissez pas de voir que c'est comme la representation d'vne partie d'vn vestibule voûté en arreste ou Ogiue, & que les pieds droicts de ladite voute sont courbes ainsi qu'vne niche ou dedans d'vne tour.

De plus que les 4 lignes, regles ou ficelles *g c d b* sont icy tenduës pour trouuer vne grandeur de Tableau sur ladite voute ; Et en suite les diuisions perspectiues fuyantes trouuées comme cy-deuant & transportées sur la ficelle *o f*; Ensemble les ficelles de front *o q, r p, m n*, tenduës sur ces diuisions fuyantes & attachées aux montans *g b, c d*, & le tout dans vn mesme plan ou coupe.

Or pour tracer toutes ces ficelles de front & autres sur cette sorte de voute, il faut comme cy-deuant mettre vne lumiere au point O, & ainsi elles marqueront leurs ombres sur icelle, ou si vous voulez par le mirement ou bourneyement ou par ficelles comme la figure vous montre & les poinctées courbes *s t u q, i x y z*, tirées pour les de front *o q, m n*.

Or cet exemple de faire vn treillis perspectif sur vne telle voute equipole à ce que j'ay dit de le faire sur vn rocher si besoin estoit.

Reste à vous faire entendre ce qui est du pied droict de cette partie de voute, lequel se presente deuant l'œil O comme le dedans d'vne tour qui est la mesme chose que l'angle rentrant de cy-deuant.

Ie suppose donc que l'on voulust faire sur vn tel pied droict vn Tableau qui parust plat & vertical veu d'vne telle distance O *b* & esleuation d'œil A O ce qui seroit les conditions pour faire le petit Tableau modelle, lequel fait & diuisé de carreaux ou petits pieds geometraux, il faudroit diuiser la droicte B V baze du Tableau en mesme nombre de parties que celle dudit modelle, puis faire comme cy-deuant le treillis de ficelles ou telles autres choses comme les à plomb E B D F, 2 4, 3 *b*, 4 *b*, V C H G, & de front B C, D H, F G, & par la lumiere mise au point O ou par des filets attachez au picquet au point O ou aussi par le borneyement, & ainsi vous ferez de quelle maniere que voudrez ledit treillis courbe d'vn sens & droict de l'autre qui est le mesme des voutes, puis qu'vne tour est vne voute debout & vne voute ou berceau vne tour couchée.

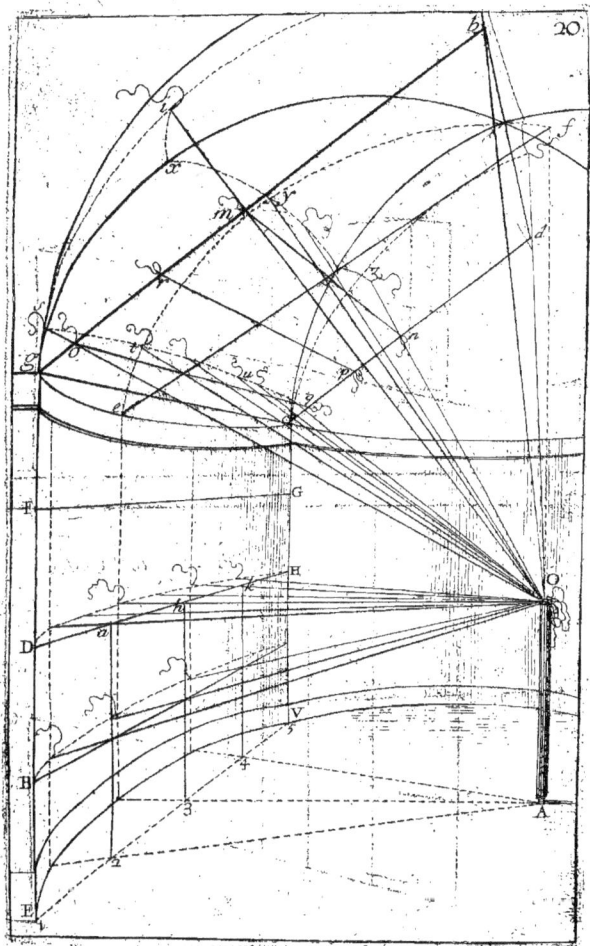

20.

fig.ᵈ d'enhaut

fig.ᵈ d'embas

VOus voyez en cette Planche *figure d'enhaut* vne furface comme d'vne tour reguliere, *& en bas* vne reguliere en fon tournant & vne irreguliere en fon a plomb.

Si vous auiez volonté de reprefenter fur de pareilles furfaces vn Tableau & objets vifibles comme est dit cy-deuant, de forte que les lignes E V figure *d'enhaut & d'embas*, fuffent entendues les bazes dudit Tableau, il n'y auroit comme cy-deuant qu'à conftruire vn treillis ou parties d'iceluy perpendiculaire fur lefdites bazes.

Les 6, droictes pointée figure d'enhaut & d'embas qui du point A pied du regardant A O vont paffer par les diuifions defdites bazes E V jufques au pied defdites tours ou furfaces comme aux points 7, 8, 9, 10, 11, monftrent que pour y tracer deffus les ombres ou places des montrans du treillis expofez deuant icelles qu'il n'y a qu'à eflener des droictes à plomb ou paralelles entr'elles de fes points comme celles 7 *b*, 8 *e*, *3g*, 9 *t*, 10 *x*, 11 *z*.

Maintenant pour tracer fur icelles les de front *p r*, *q s*, & autres, fi l'on ne veut fe feruir de la lumiere en la mettant au point O, il faut auoir recours à trouuer diuers points premierement ceux où fe croifent les ficelles du treillis E *c d* V figure d'embas comme aux endroicts E *p q*, *2 h*, & autres pris fur lefdites lignes comme en la Planche cy-deuant.

Sur de telles furfaces il fuffit d'auoir pour chaque ligne à plomb comme 7, *o* figure d'embas l'interuale *m h* qui eft celle qui vient du point O paffer par les points *p q* donner cette interualle *m n* & la porter autant de fois que l'on en a befoin fur ladite ligne 7, *o* comme de *h* en *o*, & ainfi des endroicts *i h* pour la pointée à plomb 8 *e* & de mefme des autres qui font contenus entre les ficelles de front *p r*, *q s*. & ainfi vous aurez fait voftre treillis perfpectif fur ladite furface pour y reprefenter deffus les objets qui font deffeignez & peints fur voftre Tableau modelle & auffi treilliffé geometralement d'vn pareil nombre que celuy-cy; je vous repete encore que O *f* eft la diftance dudit Tableau modelle, A O fon effeuation d'œil & par confequent *f* le point de veuë d'iceluy.

La Figure ou Tour d'enhaut eftant egale de part & d'autre, il ne faut pour ledit treillis qu'en faire vne moitié ainfi que des angles de cy-deuant.

Pour les Tableaux verticaux de biais chacun doit voir par les figures defdites angles de la Planche 20. que c'eft la mefme chofe puis que les coftez d'iceux font de tels Tableaux de biais.   H iij

Sur ce que la maniere de faire la representation ou perspectiue d'vn ou de plusieurs objets veüs de bas en haut ou de haut en bas, nommée horizontale, est la mesme que d'en faire vne verticale.

LOrs que l'on represente sur vn treillis perspectif fait sur le plan d'assiette des objets perpendiculaires ou inclinez audit plan plus ou moins proches de la baze d'vn Tableau vertical l'on trouue par le moyen de ladite de front ou baze & de la fondamentale fuyante perspectiue à droict & à gauche la place de leurs assiettes ou plans perspectifs, ensemble au dessus & au dessous dudit plan d'assiette leurs esleuations.

S'il se rencontroit occasion de representer dans ou dessus vn tel Tableau vertical comme en cette Planche vne muraille à plomb esloignée de 9, pieds de sa baze E V & que sur ladite muraille les objets A, B, C, D, y fussent attachez perpendiculairement ou autrement comme vn clou ou telle autre chose contre vn mur, & aussi y determiner leurs ombres, ceux qui sont vn peu versez en la pratique de la perspectiue ne trouueroient pas cela difficile.

Toutefois il y en a que leur prescriuant de representer ces mesmes objets pour estre veüs de haut en bas ou de bas en haut ou horizontalement ils s'y trouueroient empeschez.

Donc pour faire voir que ce n'est pas entendre cette pratique que penser qu'il y ait difference de l'vne à l'autre.

Ie donne auis de cacher le treillis perspectif E m V en regardant la Planche ou ces objets de bas en haut ou de haut en bas en sorte que le rayon de vostre Oeil tombe ou monte à plomb sur le point F, & si c'est de haut en bas, considerez que la surface où les objets A, B, C, D, sont posez est comme vne court ou place plate, ou si de bas en haut que c'est vn plat-fonds ou plancher où ils sont attachez & alors jugez si il y doit auoir difference quelconque en la pratique de faire l'vn que l'autre.

L'on peut de mesme se figurer sans cacher ledit plan d'assiette ou treillis perspectif le prendre en regardant de quelle sorte que l'on voudra lesdits objets pour estre vn mur ou surface qui se peut conceuoir tantost representée à l'œil de niueau & verticalement.

La Planche qui suit vous acheuera comme je croy, de confirmer ce que j'ay dit, en cas que ne l'ayez encore entendu.

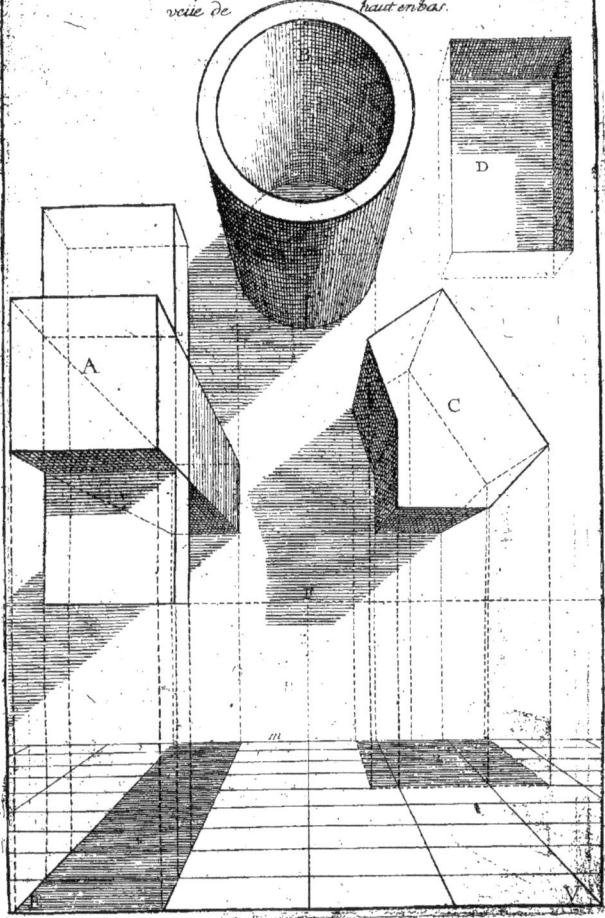

Perspectiue nommée Horizontale
veüe de   haut enbas.

Cette figure ne sert que pour
appuyer ce qui a esté dit
en la Planche qui precede.

D

T

C

M

A

F

B

G

E

IE n'ay pas pû donner au regardant A O vne plus grande diftance, pour facilement embraffer d'vne Oeillade les objets
que vous voyez fuppofez, fcituez & attachez fur vne muraille
deuant luy à caufe de la petiteffe de la Planche.

Or derechef vous jugez bien qu'vne perfonne comme le regardant A O qui voyant des objets ainfi attachez ou fichez
dans vn pareil mur ou furface ou des feneftres ou trous creufez
fur icelle qui les confidereroit toufiours comme verticaux eü
égard à ce plan d'affiette fur lequel il eft pofé, & que fi luy en
falloit faire la perfpectiue de la forte il ne la conceuroit que verticalle.

Par ainfi tournez s'il vous plaift vn peu ce Liure de forte que
la droicte à plomb E T vous foit de front comme l'eft à prefent E V, puis figurez vous feulement que l'œil O eft fcitué en
l'air, & qu'il regarde lefdits objets A B C D G de haut en bas
& que par ainfi fa pofition ou fcituation ne changeant point ny
celle des objets il en aura toufiours vne pareille fenfation, le
mefme encore en les regardant de bas en haut en tournant encore ce Liure de forte que la ligne V M 23, vous foit de front
comme vous eftoit E T & E V.

Iugez apres cela fi j'ay raifon de dire qu'il ne faut point
pour faire telle chofe fur vn plat-fonds horizontal changer de
pratique ny en faire fi l'on ne veut de petit Tableau modelle
mais bien lors qu'il y aura occafion de trauailler fur des voutes à plein ceintre furbaiffée reguliere ou non pour faire en
forte qu'ils apparoiffent à l'Oeil horizontalement placé.

Si quelqu'vn doute encore fur ce fujet il n'a qu'à voir ce qui
eft efcrit en mon premier Liure.

Venons à faire voir par figure ce qui a efté dit touchant le
variement de la prunelle de l'œil en peignant fur le relief.

POur confiderer cette figure il faut tourner ce Liure en forte que la baze N X vous, foit de front & ainfi que les lettres vous montrent.

Vous y voyez la ligne A O hauteur du regardant pofé à plomb fur le plan d'afliette A H N Q P & le Tableau g c d b , & que les lignes pointées A g H, A F Q , O b r , O d s V , qui embraf- fent ce Tableau g c d b , enfemble tout ce que ledit œil O peut voir en cette pofition au de là ou au trauers d'iceluy fi c'eftoit vn verre ou furface mince & tranfparante.

Mais mon but fur ce fujet ne tend qu'à vous faire entendre la raifon des coupes paralelles au Tableau touchant l'affoibliffe- ment ou fortifiement de la couleur des corps ou objets ainfi veus de front & fuyants.

Vous remarquerez donc que la petiteffe de cette Planche m'a contraint à ne reprefenter au de là dudit Tableau que trois coupes plans ou fections en contant le Tableau pour vne.

La deuxiefme coupe eft H I s r, & la troifiefme N M V Q , & que les deux interualles f f f, font égaux chacun en la diftance O f de l'œil du regardant O.

Or dans mon premier Traité il eft dit qu'ayant à reprefenter vne couleur fur ledit Tableau g c d b , premiere coupe , foit claire, foit brune, il la faut mettre de fa plus franche & forte couleur fans aucun aliage ou meflange de la couleur de l'air ou autre, ainfi qu'il conuient faire pour reprefenter de fem- blables couleurs fur les objets qui font conceus reculez au der- riere dudit Tableau ou coupe, d'autant que dans l'efpace ou interuale du rayonnement ou diftance O f de l'œil du regardant au Tableau , il s'y trouue de l'air.

Mais ayant à reprefenter de tels objets colorez entre les efpa- ces qui font fuppofées entre les coupes f f f il faut y faire ce meflange ou aliage par le moyen expliqué en mon premier Traité ou en celuy-cy , toutefois dans ledit premier cela y eft amplement déduit.

Ie diray feulement icy que s'il falloit mettre vne telle couleur fur la coupe H I s r , il faudra l'affoiblir à comparaifon de la franche, claire ou brune mife fur la premiere coupe ou baze du Tableau.

Et lors qu'il s'agira d'exprimer vne couleur d'vn objet plus ou moins fuyant ou tournant , il faudra au mefme endroict defdites coupes & en leur entre-deux pour peu que ces objets ou corps foient fuyants l'affoiblir plus que d'vne pareille qui feroit fur vn objet de front.

PREMIERE

24 X

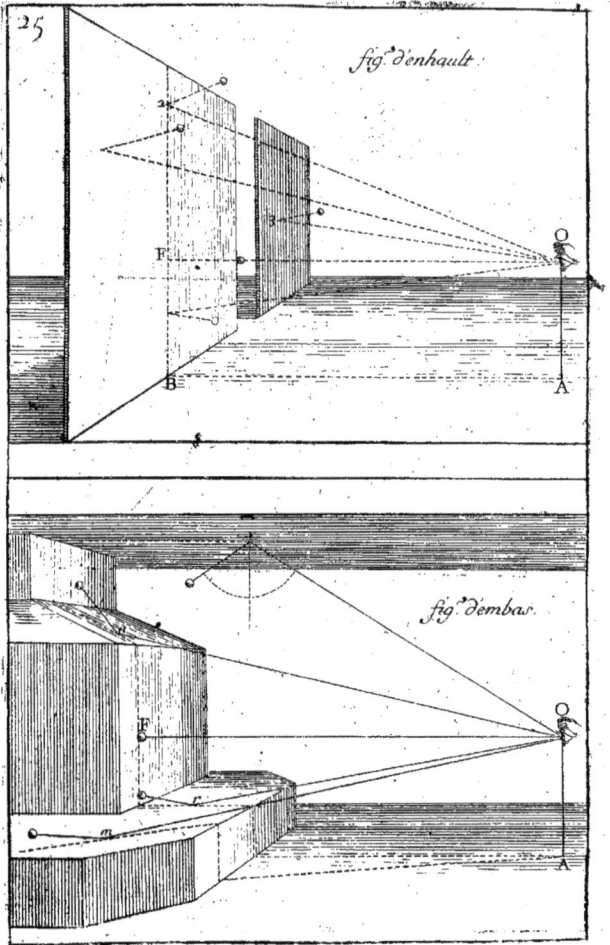

25

fig.ᵈ d'enhault.

F

B   A

O

fig.ᵈ d'embas.

F

m   O

A

Iguré d'enhaut quand l'œil O regarde d'vne œillade vne
furface platte colorée expofée de front deuant luy & perpendiculaire fur le plan d'affiette, de tous ces rayons qui vont fur
cette furface ou ces efpeces vers luy, il doit auoir la fenfation plus
forte de l'endroit ou point F rayon direct que de ceux O 2, O 3,
& autres;

Mais encore que l'œil reçoiue vne telle fenfation fi ne faut-il
pas conclure qu'il faille affoiblir de la forte aux Tableaux plats
& verticaux les parties colorées des objets qui fe rencontrent
dans vne mefme coupe de front. Ains au contraire il conuient
de les colorer de mefme force en toute leur eftenduë.

Et pour preuue ayant fuppofé à prefent que les deux furfaces
plates figure d'enhaut foient deux Tableaux colorez de mefme
force en toute leur eftenduë, le regardant O en aura pareille fenfation que cy-deuant; ainfi l'on peut dire que cette diminution
de couleur fe fait auffi bien de l'œil O, au Tableau que d'iceluy
au naturel ou relief.

Mais lors qu'il s'agift de reprefenter fur vn Tableau plat des
furfaces plattes & autres objets colorez qui fe prefentent plus
ou moins de front ou fuyants à l'œil il faut en affoiblir ou fortifier auffi plus ou moins la couleur.

Or fur ce fujet je diray par comparaifon que fi vne bale eft
pouffée plus ou moins directement contre vne furface platte
elle fera beaucoup plus d'effort que fi elle eft pouffée de biais
vers vne furface platte ou tournante ou qu'elle la frife en glif-
fant fans s'y arrefter.

Ainfi figure d'embas l'œil O aura vne plus forte fenfation de
la couleur du point F puis que cette bale ou rayon touche cét
endroit de furface platte perpendiculairement & de front que
non pas du rayon O r qui touche obliquement cette furface
fuyante r m & encore moins du rayon O n.

Encore que la couleur du point m doit au relief ou naturel ap-
paroiftre à l'œil O plus foible que d'vne mefme au point r
neantmoins pource qu'au Tableau le point m & r font en
mefme coupe il faut en faire la couleur égale.

I

LA raiſon de cy-deuant touchant la diminution de la couleur des ſurfaces ou objets plats veüs de front d'auec ceux
veüs fuyants plus ou moins, determine celle des objets tournans
de quels ſens ou coſtez que ce ſoit.

Pour exemple figure d'enhaut ſi l'œil auoit la faculté de pouſ-
ſer diuerſes bales ſur vn objet rond comme la portion de boule B celle qui la rencontreroit plus directement feroit plus d'effort contre cette boule B, & pour celles comme O n, O s, O r,
qui ne font que friſer ladite boule aux points n, s, r, elles ne font
aucune impreſſion contr'elle.

Ainſi peut on dire que l'œil O aura la ſenſation plus forte de
la couleur du point F, & ainſi à proportion moins forte des autres comme O t, O u, O x, & d'autant plus des endroicts tournants & gliſſants n r s puis que le rayon de l'œil ne s'y arreſte
point.

Venons au ſujet de la figure d'embas ſur ce que la pluſpart des
Peintres quoy qu'en haute reputation ne forcent pas aſſez
l'affoibliſſement de la couleur de ces objets tournants & fuyants
en peignant ou colorant apres le relief ou naturel.

Ie ſuppoſe que l'œil O eſt deſtiné pour voir d'vne ſeule Oeillade ſans varier la prunelle ny d'vn coſté ny d'autre cette teſte
ou objet, & que le rayon O a rencontre perpendiculairement
l'endroit a de cette teſte, & que ſi dudit Oeil en cette poſition il
en eſtoit ſorty comme celuy figure d'enhaut diuers rayons dont
quelques-vns rencontreroient les parties de cette teſte qui ſeroient de front dans vne meſme coupe verticalle ou perpendiculaire de celle a & de meſme couleur, ces parties deuroient
auſſi eſtre traictées au Tableau de meſme force, comme
eſtant de front ; pour celles qui ſont fuyantes ou tournantes il
n'en eſt pas de meſme ainſi qu'il a eſté dit & ſera encore cy-
apres expliqué.

Mais le principal de la faute eſt que ſi vous auiez mis le quelconque des deux yeux p ou q en la place de celuy O ſans changer le rayon viſuel qu'ils ont comme p b ou q c, que ny l'vn ny
l'autre ne verroit la couleur de la partie a de meſme force que
la voit celuy O & qu'ils pourroient auoir la ſenſation plus forte
des parties plus eſloignées & plus tournantes ou fuyantes de
cette teſte que de celles qui en ſeroient plus proches ſuiuant
que le rayon y donneroit plus ou moins directement.

26

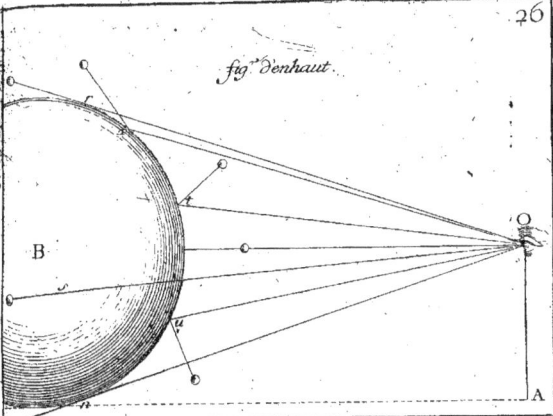

fig.ᵈ denhaut.

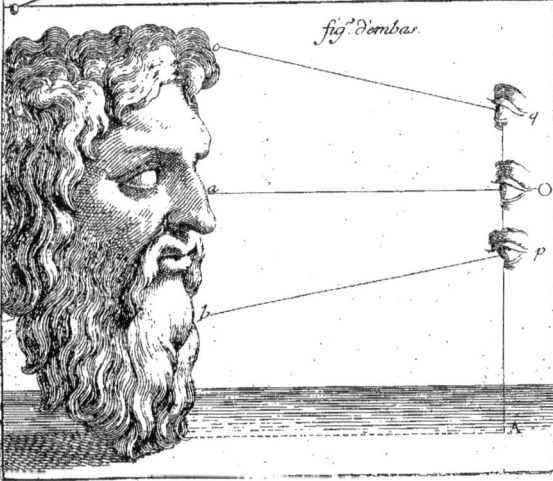

fig.ᵈ dembas.

Vr le ſujet de mon premier Traicté & des deux Planches cy-
deuant, je me trouue obligé de dire qu'en ayant conferé
auec des Sçauans en la Geometrie ; ils m'ont aduerty d'vne di-
ſtinction neceſſaire lors qu'il s'agit de comparer la force des
touches & teinctes de deux objets inegalement eſloignez du
Tableau.

Ce que j'expliqueray en cette ſorte à ceux qui ont vn peu de
Geometrie ; Si vne piramide diaphane eſt coupée à la moitié de
ſa hauteur par vn plan parallel à ſa baze, ce plan coupant formera
vne figure ſemblable à la baze de la piramide, laquelle figure
ſera le quart de cette baze. Mais chaque ligne de la petite figure
ſera la moitié de chaque ligne correſpondante de la baze.

Maintenant ſi on met vn luminaire au ſommet de la piramide, le meſme ordre de rayons illuminera ces deux ſurfaces paralleles, l'vne apres l'autre, puis donc que dans la plus eſloignée
vn meſme degré ou force d'illumination prouenuë de meſmes
rayons eſt eſtendu quatre fois dauantage que dans la plus proche, qui n'eſt que le quart de l'autre comme nous venons de
dire ; Il s'enſuit qu'en chaque portion de la plus eſloignée l'illumination ſera quatre fois plus foible que celle d'vne portion
égale de la plus proche. Mais encore qu'à la rigueur l'illumination ne ſe doiue conſiderer que ſur des ſurfaces, neantmoins ſi
nous la voulons conſiderer ſur des lignes correſpondantes de
ces deux ſurfaces paralleles de noſtre piramide lumineuſe,
nous concluerons que ſur les lignes de la ſurface plus eſloignée,
l'illumination eſt deux fois plus foible que ſur les lignes de la
plus proche, pource que dans celles-là l'illumination eſt deux
fois plus eſtenduë, car les lignes de la grande ſont doubles, des
correſpondantes de la petite.

Cecy ſe peut confirmer par vne experience que je déduiray
cy-apres ; Et eſt vray auſſi des autres qualitez du corps lumineux
comme de ſa chaleur & autres.

Or ſuppoſant que la viſion ſe fait comme l'illumination, &
que les rayons viennent des objets qui ſont pris icy comme de
nouueaux luminaires. Vers laquelle opinion je penche entierement, ſi nous mettons l'œil à la place du luminaire au ſommet
de la pyramide dont nous venons de parler, par vn meſme diſ-

68

cours nous conclurons qu'vne portion de la surface plus essoignée fait vne sensation à l'œil quatre fois moins forte qu'vne
portion égale de la plus proche. Mais si on considere ces surfaces comme estans composées de lignes physiques & visibles à
la façon de ceux de nostre profession, on reuiendra tousiours au
mesme but, car quoy qu'en nostre exemple les lignes de la
double distance soient deux fois plus longues que leur corres-
pondantes de la premiere, toutefois les largeurs de celles-là
estant aussi doubles de celles des autres, ces lignes seront de petites surfaces dont les plus essoignées seront aux plus proches
dans la raison des quarrez de leurs distances, à laquelle raison
reuiendra reciproquement celle de leurs forces visibles.

Dans mon premier Traicté de Perspectiue & dans celuy-cy,
ayant determiné les touches & teinctes des lignes de front, comme de lignes geometriques, je me suis seruy de la raison des
distances ou des pieds de front faisant la deuxiesme de front deux
fois plus foible que la premiere, la troisiesme trois fois, la qua-
triesme quatre fois, & ainsi de suite.

Mais dans le discours qui suit sur la Planche 27, pour les Theo-
riciens, nous nous seruirons de la raison des quarrez des distances, pource qu'il s'agira des points visibles qui sont des petites surfaces tels que sont tous les points physiques qui tombent
sous les sens.

L'experience que j'ay faite sur l'illumination est qu'ayant al-
lumé vne mesche d'vne lampe qui a quatre desdites mesches
toutes égales & separées l'vne de l'autre & sur vne mesme ligne de front: Puis en suite pris vn Liure d'vn caractere ou lettre semblable à celuy-cy, en m'essoignant tousiours de ladite
lumiere jusques à ce que mes yeux en regardant d'assez prés
fussét dans le degré mitoyen de ne pouuoir plus lire ladite lettre;
lors m'estant encore essoigné de ce lieu en ligne droite d'vn interuale égal à celuy de ladite lumiere à ce premier où j'estois, en
sorte que ces deux portions ou interuales de la lumiere à ce premier & au second fussent égaux; Ayant fait allumer vne des
autres mesches de ladite lampe afin de voir si ce double de lumiere seroit suffisant à me faire voir aussi distinctement en ce
dernier lieu qu'au premier je ne le trouuay pas, ny mesme à trois;
Mais les ayant toutes quatre allumées alors mes yeux receu-
rent la mesme sensation de mon deuxiesme essoignement qu'ils
auoient eus du premier.

Ceux qui defireront faire cette mefme experience doiuent prendre garde qu'alors que l'on a trouué ce premier endroict mitoyen de ne pouuoir plus lire ladite lettre, ou bien diftinguer de quelle forte de netteté l'on voit, il faut fermer ou clorre les yeux quelque temps puis les ouurir & regarder, & auffi-toft aller au fecond lieu & les refermer encore qu'il n'y ait que deux lumieres, puis de mefme vn peu apres les r'ouurir, par ainfi l'on verra que ce double de lumiere ny trois ne fuffira pas, & qu'il en faudra quatre; finalement ces quatre eftans allumées, refermez vos yeux & vous ramaffez bien dans l'imagination la forte de vifion du premier lieu; lors les ouurans vous en aurez ou receurez vne fenfation pareille ainfi que j'ay dit.

Il y a vne difficulté à comparer les forces des couleurs, c'eft que nous ne fçauons point le moyen de les diuifer par moitié, tiers, ou quart, c'eft pourquoy dans la pratique celuy qui aura l'adreffe d'approcher le plus prés des proportions que nous auons dit & dirons pour les touches & les teintes, reüffira le mieux comme eftant plus prés de la verité.

Ayant efcrit à Monfieur Defargues à Lyon où il eft à prefent depuis quelques années fur ce fujet de l'illumination & de la vifion, il m'a conuié de mettre en quelque lieu de ce Traité ce qui fuit.

Quant à la regle de pratique du fort & foible qu'il a eu fa raifon de la fonder fur la reciproque d'entre fes diftances ou pieds de front & non de leurs quarrez ou de leurs folides, comme d'autres peuuent faire ayant peut eftre auffi raifon.

I iij

ET pour vne plus ample explication; Soit en la Planche fui-
uante vne pyramide de rayons lumineux ou vifuels A B en
la figure premiere de cette Planche 27, ou vn ordre de rayons
paralleles en la deuxiefme figure, il eft euident en ces deux Figures que le plan dont le profil eft C D qui fe prefente moins
obliquement ou moins de biais aux rayons A B, en receura
dauantage & fera plus efclairé ou veu plus fortement qu'vn autre plan égal mais plus oblique dont le profil eft C E. De mefme
que la furface courbe C G fera plus fortement veuë ou illumi-
née que la courbe égale G F qui eft plus oblique que la premiere C G.

Aux Theoriciens.

Pour auoir la raifon de l'illumination ou de la vifion fur diuerfes furfaces planes ou courbes foient en la Figure 3, les rayons
A B, A D, A F, venans de l'œil ou du corps lumineux A à diftance finie ; les forces de la vifion ou de l'illumination fur les
points B, D, F, des furfaces planes B G, D H, F I feront iné-
gales pour deux raifons; la premiere à caufe de l'inegalité de
ces rayons A B, A D, A F; & la feconde, à caufe de leurs differentes inclinations fur ces furfaces. Dans ces rayons faites les
portions A B, C D; E F égales entr'elles, & des points A, C, E,
fur chacun de ces plans tirez les perpendiculaires A G, C H, E I,
qui feront les finus des angles d'inclination A B G, C D H,
E F I, de chacun de ces rayons fur chacun de ces plans à caufe
de l'inegalité des rayons. La vifion ou l'illumination du point
B, eft à celle du point D, reciproquement comme le quarré
du rayon A D eft au quarré du rayon A B.
De plus la vifion ou illumination du mefme point B fur le
plan B G à caufe de l'obliquité eft à celle du point D fur le plan
D H, auffi à caufe de l'obliquité comme A G eft à C H dont
ayant égard tant à l'inegalité des rayons A B, A D, qu'à leur
inclination fur les plans B G, D H, la force de la vifion ou de
l'illumination du point B eft à celle du point D en raifon compofée de la raifon du quarré de A D, au quarré de A B, & de la
raifon du finus A G, au finus C H.
En la Figure 4, l'œil ou le corps lumineux A eftant auffi à diftance finie, les rayons A B, A D, A F, rencontrans la furface courbe aux points B, D, F; par ces points menez des plans B G, D H,

F I, qui touchent chacun cette furface courbe B D F & faites la
mefme conftruction que deffus, la force de la vifion ou de l'illumination du point B, eft à celle du point D en raifon compofée
de la raifon du quarré du rayon A D au quarré du rayon A B, &
de la raifon du finus A G au finus C H, & ainfi des autres points
vifibles qui font des portions de furfaces.

Or quoy que les rayons tombent fur la courbe fur du cofté du
conuexe en cette Figure quatriefme, il eft ayfé de juger que c'eft
la mefme chofe du cofté du concaue, & auffi que nous ne mettons pas en ligne de conte la force qui vient des reflexions, ou
l'affoibliffement caufé par l'interpofition des vapeurs, broüillars,
pouffieres & autres corps qui voltigent dans les airs ; Il faut
neantmoins eftre auerty qu'il fe peut faire que nous ne connoif-
fions pas toutes les caufes qui fortifient ou affoibliffent la lumiere ou la vifion, & que fi outre la diftance & l'obliquité on en
defcouure quelque nouuelle dont on fçache la raifon, il faudra
joindre cette raifon aux deux autres precedentes qui prouien-
nent de l'efloignement & de l'obliquité, & de ces trois en com-
pofer vne qui fera la veritable raifon de l'illumination ou vifion
fur ces objets.

En ces Figures 3, & 4, fi les rayons A B, A D, font également
inclinez fur les plans B G, D H, il eft ayfé à conclure que la force
de la vifion ou illumination du point B eft à celle du point D
reciproquement comme le quarré du rayon A D, eft au quarré
du rayon A B ; car les deux finus d'inclination font vne raifon
d'égalité, Mais fi le quarré du rayon A D eftoit au quarré du
rayon A B comme le finus d'inclination du rayon A D eft au finus
d'inclination du rayon A B ; c'eft à dire côme C H à A G la raifon
compofée des deux raifons fufdites feroit vne raifon d'égalité,
partant en ce cas la vifion l'illumination des points B, D, fur les
furfaces B G, D H, feroit égale, la diftance de l'vn eftant recôpen-
fée par l'obliquité de l'autre. Ainfi côme l'inegalité des quarrez
des rayons A B, A D, A F, montre celle de la vifion ou de l'illumination à caufe de l'efloignement des points B, D, F, jufques à
l'œil ou au corps lumineux A ; de mefme l'inegalité de ces perpendiculaires ou finus A G, C H, E I, marque celle de la vifion
ou de l'illumination qui vient de l'obliquité des rayons fur les
furfaces où ces points font pofez.

Mais en la Figure cinquiefme fi les rayons lumineux A B, C D,

EF, font parallels entr'eux comme ceux du Soleil qu'on fuppofe tels à caufe de fon exceffiue diftance à la terre, rencontrans
chacun les furfaces planes B G , D H , F I , aux points B, D, F;
Il eft certain que fi on ne confidere que leurs diftances jufques
au Soleil, l'illumination n'en fera pas inégale puis que ces diftances ou rayons A B, C D, E F , eftants fuppofez infinis font
eftimez égaux entr'eux. Donc l'inegalité de l'illumination de
ces points B, D , F , ne viendra que de la differente obliquité de
chacun de ces rayons A B, C D, E F fur chacun de ces plans.
Partant les forces de l'illumination de chacun de ces points B,
D , F , font entr'elles comme les finus d'inclination A G, CH, EI.

Si l'œil eftoit capable de voir d'vne diftance infinie comme
on le fuppofe dans la projection Orthographique , les rayons
vifuels A B, C D, E F , feroient parallels , & les forces de la vifion
des points B, D, F , fur les plans B G, D H, F I, feroient entr'elles
comme celles de l'illumination , c'eft à dire comme ces finus
d'inclination A G, CH, E I.

En la Figure fixiefme fi les rayons parallels A B, C D, E F, rencontrent vne furface courbe dont le profil eft B D F; ayant par
ces points mené des plans B G, D H, F I, qui touchent la courbe B D F aux mefmes points , & pris les portions égales B A,
D C, FE ,&c. comme auparauant, les forces de l'illumination ou
de la vifion à l'infiny aux points B, D, F , de cette furface courbe, feront entr'elles, comme A G, C H , EI , qui font les finus
des angles de l'inclination des rayons fur ces plans touchants.

Tout ce que nous venons de dire eft démontré dans l'optique
pour l'illumination ou vifion tant de la furface plane que de la
courbe.

En ces mefmes Figures 5 & 6 fi les rayons A B, C D, font également inclinez fur les furfaces planes B G, D H; on conclurra
que les forces de l'illumination ou de la vifion à l'infiny aux
points B, D, font égales , car les finus d'inclination en ce cas
font égaux.

De là on peut entendre ce qui a efté dit en mon premier
Traicté qu'vn fuyant & tournant precipité equipolle à vn lointain , ou grand efloignement, puis que les vns & les autres di-
minuent les forces de la vifion & de l'illumination.

M*Aintenant pour la perfpectiue,* En la Figure feptiefme foit
                                                   l'œil

l'œil A à diſtance finie du Tableau B C, & d'vn plan geometral
D E, les rayons viſuels A f F, A g G, les points geometraux F,
G, dans le plan D E, les points correſpondans f, g dans le Tableau B C. Premierement ſoit D E vn plan de front c'eſt à dire
parallel au Tableau B C, par ce qui a eſté dit ſur la cinquiéme figure de cette Planche, la ſenſation du point F veu de la diſtance
A F dans le plan D E, eſt à la ſenſation d'vn ſemblable point f
veu de la petite diſtance A f dans le Tableau, reciproquement
comme le quarré du petit rayon A f eſt au quarré du grand
rayon A F, car les plans B C, D E, eſtans parallels les inclinations des rayons A F, A f ſur ces plans ſeront égales. Donc
pour faire en ſorte qu'vn point f dans le Tableau veu de la petite diſtance A f faſſe à l'œil la meſme ſenſation que le point
geometral F dans le plan de front D E veu de la grande diſtance A F, faut diminuër la touche & la teincte geometrale du
point f, en ſorte qu'eſtant ainſi affoiblie elle ſoit à ſa touche
& teincte geometrale ou naturelle, comme le quarré du petit
rayon A f eſt au quarré du grand rayon A F. & ainſi nous aurons
la touche & teincte du point perſpectif f dans le Tableau B C.
nous ferons le meſme pour tous les autres points du plan D E.

　Si le plan D E eſt le Tableau & le plan B C le geometral entre
l'œil & ce Tableau, le point perſpectif F eſtant fortifié de ſorte
qu'il ſoit à ſon geometral f comme le quarré de la grande diſtance A F eſt au quarré de la petite A f. Alors les deux points
F & f feront à l'œil la meſme ſenſation.

　Si le geometral & le Tableau eſtoient vnis en vn ſeul plan les
touches & teinctes ſeroient les meſmes dans le geometral &
dans le Tableau & n'y auroit rien à changer.

　Il arriuera en ces plans parallels D E, B C, que tous leurs
points perſpectifs, f, g, h feront touchez & colorez de meſme
force, car les rayons A F, A G ſont diuiſez proportionnellement par les plans parallels, en f & g.

　Secondement, ſoit vn plan geometral fuyant ou de biais D E,
c'eſt à dire qui ne ſoit point paralel au Tableau B C. en ce
cas la ſenſation du point F veu de la grande diſtance A F dans ce
plan oblique ou fuyant D E eſt à la ſenſation d'vn ſemblable
point correſpondant f veu de la petite diſtance A f dans le plan
du Tableau B C, en raiſon compoſée de la raiſon du quarré
du petit rayon A f au quarré du grand rayon A F, & de la raiſon

K

du sinus de l'inclination du rayon A F sur le plan D E au sinus d'inclination du rayon A ƒ sur le Tableau B C. Donc pour faire en sorte qu'vn point ƒ veu de la petite distance A ƒ dans le Tableau fasse à l'œil A la mesme sensation que son point geometral F veu de la grande distance A F dans le plan geometral D E, faut diminuer la touche & teincte geometrale du point ƒ en sorte qu'estant ainsi affoiblie, elle soit à sa touche & teincte geometrale, dans cette raison composée que nous venons de-dire ; & nous aurons la touche & la teincte du point perspectif ƒ dans le Tableau B C. & ainsi des autres points comme g h.

Or à cause que les plans B C, D E ne sont pas parallels les rayons A F, A G ne sont pas tousiours coupez proportionnelle-ment par le Tableau aux points ƒ g, & les inclinations de ces rayons sur ces plans sont presque tousiours inegales, d'où s'en-suit que les touches & teinctes des points perspectifs ƒ, g sont aussi presque tousiours differentes, neantmoins il arriue quel-quesfois qu'elles sont égales, comme seroient celles des points perspectifs ƒ, h, dont les geometraux F, H sont dans vne ligne droicte FH parallele au Tableau B C. (ou, ce qui est de mesme, parallele à la commune section des deux plans B C, D E prolon-gez s'il en est besoin) car ƒh commune section du Tableau B C & du plan A F H, est parallele à F H, donc les rayons A F, A H sont coupez proportionnellement aux points ƒ, h ; Et ainsi A ƒ quarré est à A F quarré comme A h quarré à A H quarré. Et de plus le sinus d'inclination du rayon A F sur le plan fuyant D E est au sinus d'inclination du petit rayon A ƒ sur le Tableau B C, comme le sinus d'inclination du grand rayon A H sur le mesme plan D E, est au sinus d'inclination du petit rayon A h sur le Tableau B C, ce qui est assez conneu par les Geometres. Donc de part & d'autre les raisons composées sont égales puis que les composantes sont égales ; d'où nous concluerons comme aux plans parallels, ou de front, que les touches & les teinctes des points perspectifs ƒ, h sont égales entr'elles.

Enfin soit vne surface courbe dont le profil est I F L en la mes-me Figure septiesme, vn rayon visuel sur icelle A F la rencon-trant au point F, son correspondant ƒ dans le Tableau B C. me-nez vn plan D F E, qui touche la courbe I F L en ce point F, & comme nous venons de dire, trouuez dans le Tableau B C la touche & teincte du point perspectif ƒ comme si son geometral

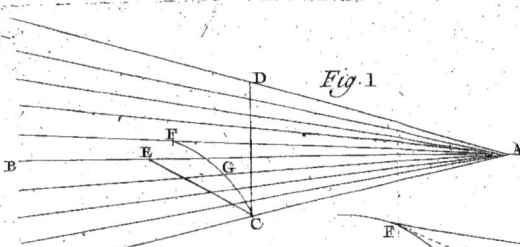

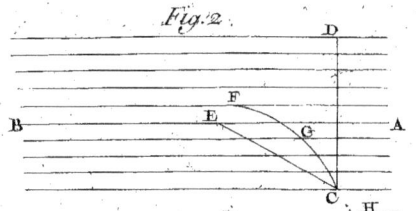

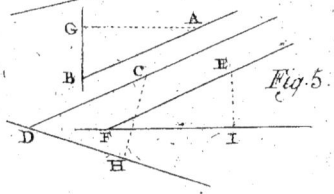

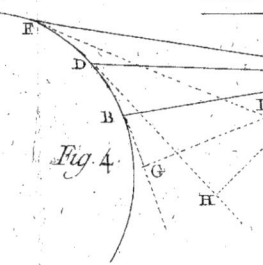

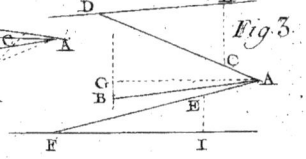

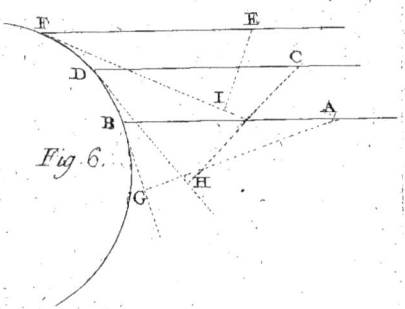

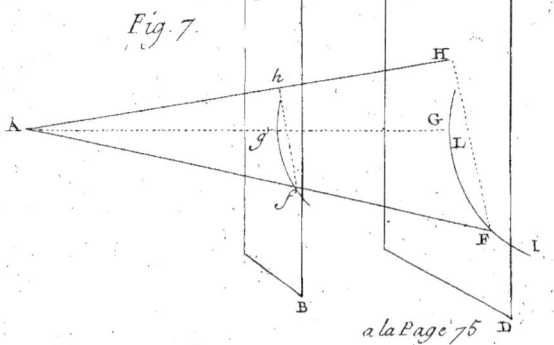

Fig. 1

Fig. 2

Fig. 3

Fig. 5

Fig. 4

Fig. 6

Fig. 7

a la Page 75

F estoit dans ce plan touchant D F E, ce sera la touche & teincte du point perspectif f dont le geometral F est dans cette surface courbe I F L; ainsi on trouuera les touches & teinctes des autres points I, L, de la courbe, par le moyen des plans touchants cette courbe en ces mesmes points.

Pour conclure, il est manifeste que dans la perspectiue les touches & les teinctes des plans fuyants & tournants precipitez doiuent equipoller à celles d'vn lointain pource que ces plans fuyants ou ceux qui touchent ces courbures sont aussi des obliquitez precipitées, d'où s'ensuit la diminution ou augmentation precipitée des sinus de leurs inclinations.

Mais dans la projection Orthographique en laquelle on suppose que l'œil est esloigné du Tableau & des objets à distance infinie, les touches & les teinctes des points visibles ne sont differentes qu'à cause de la differente obliquité des rayons sur les plans fuyants ou tournants, car les distances infinies estans estimées égales, la force d'vn point dans le plan du Tableau est à celle de son point correspondant geometral comme le sinus d'inclination du rayon visuel sur le Tableau, est au sinus d'inclination du mesme rayon visuel sur le plan geometral ou est le point proposé; partant pour faire que l'vn & l'autre point fassent à cét Oeil la mesme sensation, faut diminuer ou fortifier celuy du Tableau Orthographique, en sorte qu'il soit à son geometral comme le sinus d'inclination du rayon sur le plan geometral est au sinus d'inclination du mesme rayon sur le Tableau.

Sur la pretenduë diminution des Figures quand elles sont esleuées
haut, & sur le dire de quelques-vns que toutes lignes sont arc
& par consequent qu'aux Tableaux il les faut ainsi representer.

SVr cette pretenduë diminution en hauteur considerez en cette Planche ayant tourné ce Liure en sorte que la ligne CM,
28, soit la fondamentale de front, que E O est le regardant à
plomb sur le plan d'assiette E g G Y C, & O son point d'œil;
puis que la surface platte M R S N est le Tableau posé de front
deuant le regardant, & aussi perpendiculairement sur ledit plan
d'assiette.

De plus considerez l'objet ou sujet A D C H esleué sur le plan
d'assiette derriere le Tableau & paralel à iceluy.

Par ce qui suit vous deuez conceuoir que menant des rayons
ou lignes droictes de chaque point de l'objet au point O Oeil
du regardant entr'autres des parties égales sur iceluy comme 1, 2, 3, 4, 5, 6, 7, H, ces lignes auroient marqué au Tableau
vn mesme nombre de parties égales, à la verité plus petites que
celles de l'objet à cause de la distance de l'Oeil au Tableau & d'i-
celuy à l'objet.

Et combien qu'à l'objet il n'y ait que 7, parties à plomb, l'vne
sur l'autre, je dis que quand il y en auroit vne infinité il en arriueroit tousjours la mesme chose suiuant cette position d'objet
d'Oeil & de Tableau le mesme en est-il des diuisions de la de
front C F G D, objet estant menées des droictes au point E pied
du regardant, car elles couperont la de front ou baze du Tableau M S aux points *c f i g d* en parties égales, & ainsi par consequent de la partie massiue de l'objet A D H veuë ainsi de front
par sa largeur.

Pour conclusion je ne m'inquiette point si toutes lignes sont
ou ne sont point arc, sur tout lors qu'il s'agit de representer vn
ou plusieurs objets en perspectiue, & si en voyant le naturel elles
semblent à l'Oeil telles, je suis asseuré qu'elles le luy feront
aussi proportionnellement audit Tableau.

Pour faire dautant plus remarquer cette proportionnalité j'ay
mis les mesmes Lettres & Chifres sur l'Objet representé comme coulé massif du longs de ces rayons pointez & appliqué
contre le Tableau, que sur l'objet naturel, à la reserue que lesdites Lettres y seront Capitales & sur le Tableau d'Italique.

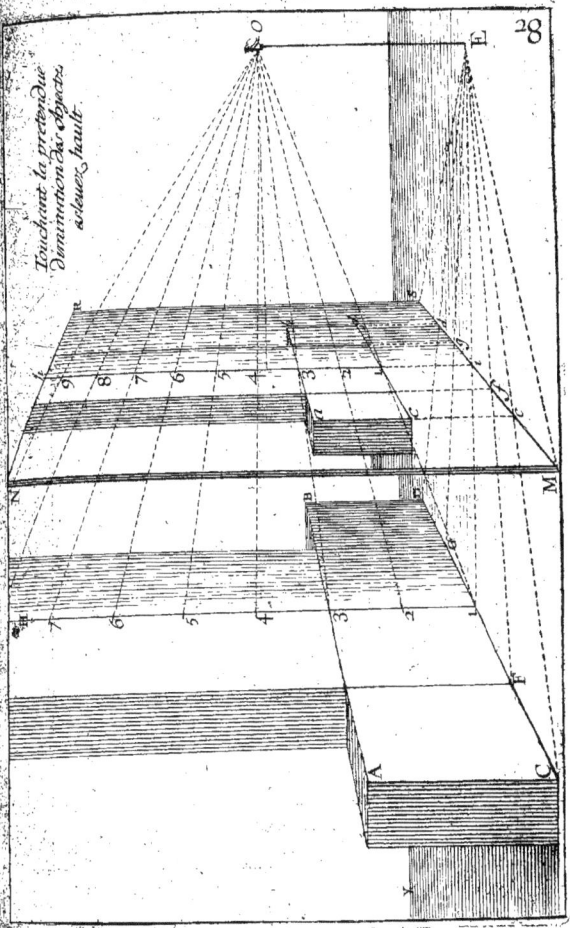

Touchant la prettendue
Dimmination des objectes
esleuez, huult.

28

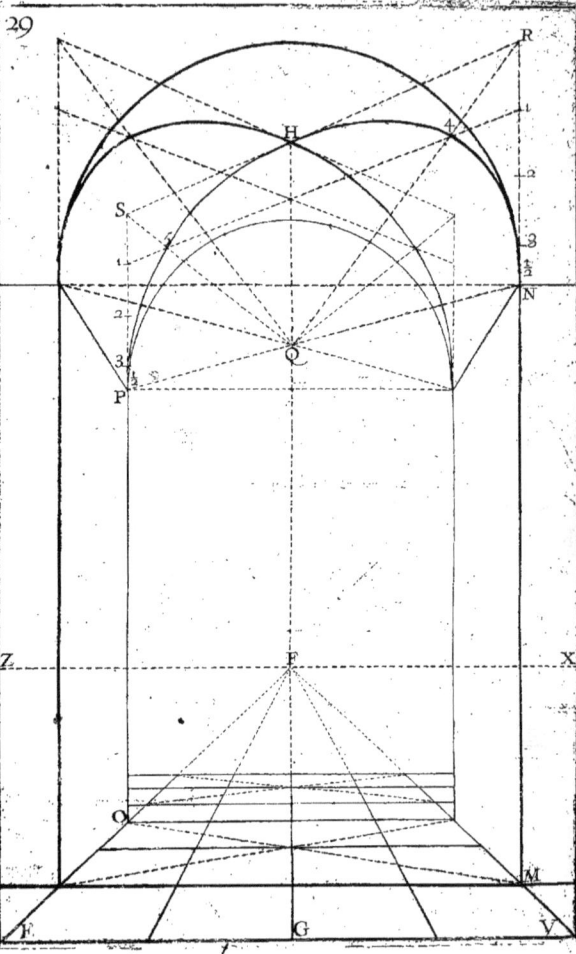

Eux comme j'ay dit, qui n'ont pas compris à fonds noſtre maniere de pratiquer la Perſpectiue & qui ont deſſein de faire la repreſentation des Voûtes que l'on nomme d'Areſte, de Cloiſtre, ou d'Ogiue par icelle, ſe doiuent ſouuenir que j'ay donné dans mon premier Liure le moyen d'y mettre vne porte en Arcade & à faire des ronds ou cercles perſpectifs tournez ou ſcituez de diuers ſens, Et que ceſdites voutes ne ſont d'ordinaire que deux portes en arcades qui ſe croiſent l'vne l'autre, & de plus que celuy qui y ſçait mettre vn cercle ou rond entier peut bien en faire le meſme de ſa moitié.

Or vous verrez par cét exemple & par celuy qui ſuit qu'ayant trouué la hauteur des deux pieds droicts ou coſtez de l'vne de ces arcades M N, O P, juſques à la corniche ou impoſte N & P & tiré la droicte pointée, corde ou tirant de l'arc N Q P, pour faire la courbure ou arc N 4 H 5 P, faut eſleuer vne ligne poin-tée N R, & vne P S, chacune à plomb au deſſus de ſon pied droict, perſpectiuement de la hauteur que doit auoir le plus eſleué de voſtre arc voûte ou arcade; puis ayant mené la droite pointée R S & en ſuite trouué le milieu perſpectif deſdites li-gnes N P & S R, & par conſequent les points H & Q; lors des points R & S, vous menerez deux droictes au point Q comme R Q & S Q demies diagonnales; puis vous diuiſerez preciſe-ment en trois parties & demies les pointées à plomb N R & P S, & par l'vne de ces parties ſçauoir l'entiere 1 R, 1 S, ayant mené vne droicte pointée 1, 4, 5, 1, elle ira couper les deux demies dia-gonnales S Q & R Q aux points 4 & 5:

Par ce moyen vous aurez cinq points pour mener la ligne courbe perſpectiue comme les cinq N, 4, H, 5, P; Ceux qui ſont vn peu verſez en telles pratiques ſçauent bien que l'on peut trouuer vn tel nombre de points qu'on voudra pour mener vne telle courbure en perſpectiue, mais je trouue qu'il ſuffit de ces cinq, encore que le moyen de les trouuer ne ſoit pas geometric, attendu que la diagonnale eſt incommenſurable au coſté du carré: Mais à mon auis il y a aſſez de preciſion pour la pratique, ce que j'ay plus amplement expliqué dans les Planches 70 & 72, de mon premier Traité.

Vous voyez bien aprés cecy que pour faire l'autre courbure ce n'eſt que le meſme, & qu'il n'y a difference quelconque, & ſur cela j'ay creu qu'il ſuffiroit d'y tracer deſſus les meſmes lignes.

V Ous voyez en cette Planche la repreſentation par traits de
deux rangs de voûtes comme l'vne de cy-deuant, accom-
pagnée de quelques petites particularitez , ſur l'vne deſquelles
voûtes j'ay laiſſé les lignes pointées qui ont ſeruy à la conſtruire.

Or ſouuenez-vous que noſtre-dite maniere de pratiquer la
perſpectiue comme elle eſt amplement expliquée en mon premier Traité , eſt la meſme que de pratiquer le geometral, & que
je dis que celuy qui ſçaura la meſure des objets ou corps qu'il y
voudra repreſenter il n'y ſera arreſté en aucun endroit par aucune ſorte de difficulté.

Ie conuie donc derechef icy tous ceux qui profeſſent cét Art
de Peinture de s'inſtruire de la pratique du Geometral autrement
ils ſe trouueront touſiours arreſtez & empeſchez dans la pratique Perſpectiue: car à moins que de deſſeigner tout apres le naturel & de trouuer les objets placez & ſcituez ainſi que l'on veut
faire le Tableau , s'ils n'ont la meſure deſdits Objets ils ne les
pourront repreſenter perſpectifs.

I'ay tracé au coſté de cette Planche ou Tableau comme à voſtre gauche l'eſchelle fuyante 1 2 3 4 5 6 &c. puis le point Z qui
repreſente l'eſleuation de la ligne du plan de l'œil Z X & en bas
ſur la baze du Tableau E V l'interuale E n qui vaut icy la valeur
de deux pieds, puis ſur la moitié d'iceluy , i'ay tracé la cotte ou
marque du nombre des pieds que contient la diſtance laquelle
eſt de quatre , qui par conſequent valent 8, puis que ledit interuale E n vaut deux , ainſi chaque interuale fuyant qui ſont ſur
ladite ligne E Z en valent auſſi deux.

Cecy eſt fait & dit , afin que ceux qui font leurs Tableaux par
regle de perſpectiue & ſur tout par noſtre maniere tracent ſi le
cœur leur en dit , ainſi à coſté de leurs Tableaux l'eſchelle fuyante, l'eſleuation d'œil puis le pied de front & le nombre des parties qu'ils ont priſes pour diſtance , ce qui ne nuira auſdits Tableaux puis que la bordure cachera les diuiſions ou marques.

Cela eſtant ceux à qui vn jour ces Tableaux tomberont és
mains & qui auront vn peu de connoiſſance de cette pratique
de perſpectiue, pourront auoir la ſatisfaction de prendre par ce
moyen la meſure des corps ou objets deſdits Tableaux & celle
de les placer ſelon leurs diſtances & eſleuation d'œil pour les
voir.

30

Z   X

F

6
5
4
3
2
1
P   n   V

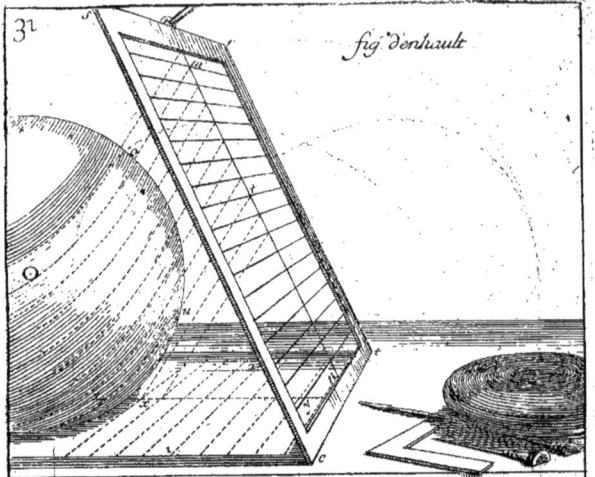

fig.' d'enhault

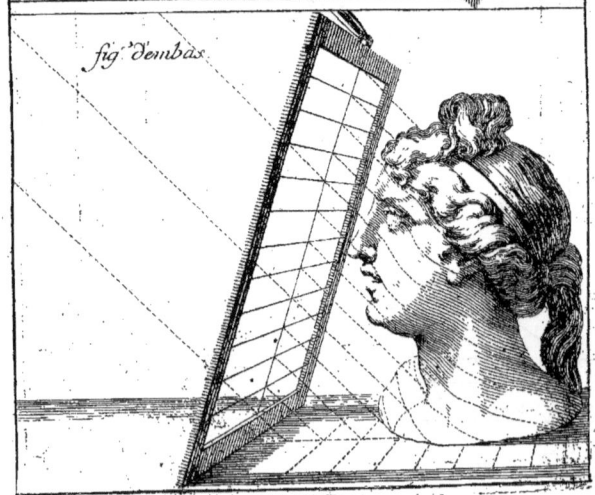

fig.' d'embas

sur la pensée que j'ay euë pour la conduite sur le nud des corps, des
lignes que les Graveurs nomment hacheures ainsi qu'il a esté dit
aux discours cy-deuant sur ce sujet.

Tout premierement vous verrez dans cette Planche figure
d'enhaut que je suppose l'objet O estre la representation
perspectiue d'vne portion de boule exposée aux rayons du Soleil & c s r t c vne bordure ou chassis barré de fils tendus chacun
en ligne droite & paralels entr'eux, puis vn autre fil m n qui les
croize perpendiculairement, lequel chassis est supposé incliné
vers ladite boule O entr'elle & le Soleil.

Et ainsi vous voyez que tous ces fils sont leurs ombres sur ladite boule & sur la surface où elle est scituée.

Supposant donc le mesme estre fait sur le relief il est constant
que ces fils de quelque façon que l'on pose ledit chassis entre
ladite boule de relief & le Soleil ils y feront des ombres qui seront paralelles entr'elles comme qui la couperoit ainsi par plusieurs plans paralels entr'eux.

Vous voyez figure d'enhaut que l'ombre courbe & droite
v u x y est faite par le fil *m t n* & les pointées courbes & droites
O, o z, u, 1, 2 & autres par les fils paralels qui croisent celuy
m t n.

Mais ledit chassis estant comme en la figure d'embas inter-
posé entre le Soleil & vne teste de relief ou de sculpture d'vne
matiere blanche l'ombre de ces fils ne seroient point en toutes
rencontres sur toutes les parties d'icelle paralels entr'eux encore
que ladite teste fust supposée coupée par de pareils plans paralels
entr'eux ainsi que j'ay dit de la boule O: Neantmoins il ne s'en-
suiuroit pas que l'on n'en peust tracer de paralelles sur le relief
ou de s'y en imaginer, puis comme j'ay dit les desseigner sur les
objets que l'on feta d'vne mesme ordonnance paralelle perspectiue; comme on les conçoit sur le relief d'vne ordonnance paralelle geometrale.

Considerez donc sur ladite teste le concours perspectif de ces
supposées paralelles ombres de fils pointées, & comme les hacheures qui sont entre-deux suiuent leurs mesmes concours ou
paralelisme perspectif.

Or sur cette matiere il y a à discourir & à s'exprimer pour appliquer cette mesme pensée sur tous les diuers corps que l'on
peut representer par cét Art de Grauoure.

Extraiͨt du Priuilege du Roy.

PAr Grace & Priuilege du Roy donné à ſainͨt Germain eͨ
Laye le troiſieſme Nonembre 1642. Signé LOVIS, Et
plus bas, SVBLET; Il eſt permis à Abraham Boſſe de la ville
de Tours, Graveur en Taille-douce de graver, faire graver &
imprimer, vendre & debiter par telles perſonnes qu'il verra bon
eſtre, en tous les lieux de noſtre Royaume, tous les Deſſeins en
Pourtraiture qu'il deſſeignera de ſon inuention ou qu'il aura
recouurez de l'inuention de quelqu'autre; Enſemble tous Deſſeins concernans les Arts & Sciences dont ledit Boſſe pourroit
à l'aduenir tracer les Figures, & dreſſer les Diſcours de ſon inuention ou d'autres, & ce durant l'eſpace de 20 années accom-
plies du jour de l'acheuement de la premiere impreſſion : Et
defenſes ſont faites à toutes perſonnes de graver, faire graver,
imprimer, vendre, debiter ny diſtribuer durant ledit temps en
aucuns lieux du Royaume, aucune choſe gravée ou imprimée
qui ſoit extraiͨte, copiée, contrefaite, imitée en tout ou en
partie, d'aucun deſdits Ouurages dudit Boſſe, ſans ſa permiſ-
ſion ou de ceux qui auront droiͨt de luy; à peine contre les con-
treuenans, de trois mil liures d'amende, confiſcation de tous
les Exemplaires. Le tout comme il eſt plus amplement declaré
dans leſdites Lettres : Verifiées & regiſtrées, oüy Monſieur le
Procureur General en la Cour de Parlement le 12. May 1643.
Signé, GVYET.

Auertiſſement.

NOvs auons dit au penultiéme Article de la page 34. Chapitre 12. touchant les vapeurs & autres corps qui empeſchent le paſſage de la lumiere, que la perte de la meſme lumiere ſeroit proportionnée aux diſtances; ce
qui ſe doit entendre en proportion Arithmetique & non pas Geometrique.
Comme ſi dix thoiſes de Broüillars deſrobent vn quart de la lumiere, les dix
thoiſes ſuiuantes deſroberont encore vn autre quart : & au bout de quarante
thoiſes de diſtance la lumiere ſera toute perdue. Le meſme s'entend de la
viſion ſuppoſant touſiours que leſdites vapeurs ou broüillars ſoient vnifor-
mes, ce qui arriue rarement.

ERRATA.

Les huiͨt pages de l'auertiſſement n'ont point de chiffres. Et en la page 4.
premiere ligne, liſez, Oeil & au luminaire. Pag. 21. l. 26. qui eſt d'ordinaire. p. 38. l. 4. plans paralels. p. 64. l. 2. deſront ainſi, & l. 17. à la
diſtance. Et tout au bas de cette page à la reclame, PLANCHE au lieu
de PREMIERE.
L. S. D.
Acheué d'imprimer le 5 May 1653.

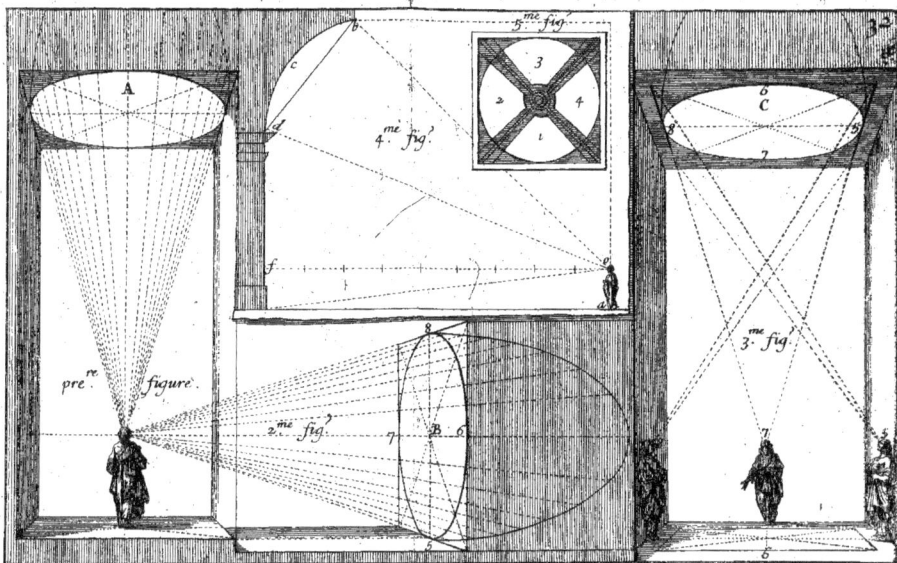

COMME quelques Particuliers n'ont pas compris dans mon Traité de la Perspective pour les voutes, l'Vniuersalité de
sa Pratique dans la Representaõn des Objects en toute Sorte de Scituation, et quoy que ce Soit au dedans des Couppes
ou Domes, Iay cru qu'il Seroit bon de l'Expliquer par la representation des Cinq figures cy dessus, et y faire remarquer que
pour faire vne bonne Degradation des Objects Sur toutes formes et Scituations de Superficies ou Tableaux qu'il ne faut
employer a chaqu'vn qu'vne Distance et vn point de Veüe, telz qu'ilz Sont marqués par la 3.me fig.e ou le Dome et Tableau est
Situé Horisontalement, Car Sil estoit placé Verticalem.t comme il est en la 2.me fig.e Cotté B, il est certain qu'on ne pourroit
pretendre qu'il y eust ces mesmes 4 points de Veües; dou je concluds auec Raison, que la même chose doibt être obseruer
a legard du Dome Horisontal Cotté A, dans la premiere figure, et qu'il doibt etre veu d'vne Seule distance et d'vne meme
Oeillade, et Semblablem.ce Dome Vertical B, fig.e 2.me, de Sorte que quand même vn tel Dome Seroit partagé en 4 differens
Tableaux comme il est representé au Plan 1, 2, 3, 4, figure 5.me, outre qu'ilz pourroient encore être veüs d'vne Seule
Oeillade, il faudroit prendre des distances plus grandes comme on peut remarquer celle f o du regardant a o fig.e 4.me,
pour vn Tableau courbe d c b, et plat d b, dont le point de Veüe f en est dehors Sur le pied droit d f.
Par A.Bosse en Iuin 1669. Auec Privilege.

A. BOSSE

PERSPECTIVE

DUV.
200

www.ingramcontent.com/pod-product-compliance
Lightning Source LLC
Chambersburg PA
CBHW062026200326
41519CB00017B/4950